U0094629

從一到無限

一 個 設 計 品 牌 的 誕 生

工一設計 One Work Design

推薦序

十年淬煉，無限可能

十年，是樹木成材的基礎，也是穩固邁向下個階段的關鍵。

記得有次 TID 頒獎典禮結束後，小白跑來告訴我：「趙哥，我明白了，設計不只要＂進步＂，而更需要＂進化＂」一向是各種大賽常勝軍，當年，他們沒有得到預期的獎項，放棄？對這各有所長卻緊密連結的工一來說，反而更加是一種激勵與自省，各自扎實的設計能力，穩健內斂的阿祥，機智靈敏的小宇加上凝聚向心力的小白，異中求同的互補機制及三人背後的另一半，都有一雙各具特質的推手助力著，以設計界不易的合作關係，再度開啟從生存、成長、到邁入十年後重新面對「設計」對自己的意義，也帶領團隊眞正理解本心與初衷的眞締。

第一本「從一到一」如苗木般的三個人，一心一體一致，開枝散葉，啟動自我品牌價值的關鍵，接續第二篇章「從一到無限」更像看見參天大樹跨越千年的無限可能，期許自我特質進化的過程，展現工一沉穩又自信的步伐，寫下自己的夢想，也帶著一致的信念，記錄著台灣室內設計世代交融的典範。

中華民國室內設計協會榮譽理事長 趙璽

推薦序

室內設計的另類解讀：作為人們詩意棲居之表面的維度

這是一部出自工一設計的室內設計作品集，但值得令人玩味的，只是在於工一的設計操作手法非常「建築」。我認爲這裡頭有幾個理由或可作爲供讀者延伸思考的線索。首先是室內設計當然有別於過去普羅大衆認知裡的建築裝潢或室內裝修的發想。這是一個社會走向帶有餘裕及富足的狀態下，方才得以開始想像如何生活云云，以及探究人們心中那份可見的或者是被（專業者）啟發的願景，設計與規劃於是可以登場，而從修繕／裝修的層次提升到美學的探討與設計況味創造的境界。換句話說，是因著台灣社會邁入晚期資本主義的時代演進下，成就了讓這群才華洋溢的年輕設計師得以揮灑與發揮的時空背景。

另外，雖然工一出身室內設計系，但普遍師資都是出身建築系，因此他們身上都留下了相對建築的思維與設計操作的手法，而具備對於基地脈絡的觀照、物理環境／微氣候及景觀的 sense、建築材料的敏感度、以及透過畢業設計製作的訓練下，專題研究所賦予的 programing（空間計劃）及敘事的能力。

於是，你可以從工一的設計作品中品味到潛藏在裡面的故事，可以看見與周邊或外部環境的互動、可以察覺昔日包浩斯建築教育中所強調的簡潔設計與功能合理性，同時更帶有工藝性格的構築細部，深具魅力而優雅。對我來說他們的作品超越了 interior design，提升到了 interior architecture 的層次。他們的設計並非把室內視爲一個封閉，而完結的量體來做內聚性的操作，而是使得人們立足的地面、蔽頂的天花、以及處爲人體近、旁或者是向四周擴展的立體與開口都有機地處理成生活中關於休憩／喘息／耽溺的各種作業與行爲的表面（surface）來處理，創造出建築軀體中的室內建築，造就出建築中獨一無二的居場所。於是，原本的室內得以擁有空間的無限可能，能夠在連續性的時間軸裡創造共同生活的集體記憶。

這麼說來，這樣的職能，或許就是在 AI 蔓延並逐漸滲透進人類日常之中，身而爲人可以把握之幸福的最後防線裡吧一由自己思考、動作，譜寫出屬於自己唯一的生命樂章與形塑未來記憶的故事。工一可能做到了，而這是否也讓你感動覺醒與心動，迫不及待地想要邀請他們一起參與你的夢想旅程呢？僅以此這篇隨筆來推薦這個充滿設計能量且優雅的團隊一工一設計，甚願他們擴展境界，並成爲衆人的祝福。

台南國際建築三年展、2024 仙台特別展策展人 謝宗哲

推薦序

知覺與藝術的兼容

室內設計業由於技術和資金的門檻較低，往往吸引眾多從業者進入競爭激烈的領域。早期是由畫家、雕塑家及工藝匠師兼做，甚至是所謂美工設計的延伸。在自身生涯發展爲重的驅使下，除了薪酬與勞動條件外，就是無不希冀能夠從市場獲得成就感和社會聲望。然而，在台灣現行的的教育及產業條件下，「室內設計師」這個專業角色的社會反身性一直是非常的模糊也曖昧。

受限於設計對象的物理性與消費性取向的關係，除了基本的物理環境因素的考慮外，對於使用者需求也僅止於玄密空間美學的囈語；有敏感度的設計者則可能會進一步將觸角延展到關於像是健康安全環境的課題，或較深刻的空間文化層面的探索與著墨。這或許是設計工作者總喜於自認爲是，一種姑且說是 Richard Florida（2002）對於「創意階級」（creative class）的指稱；偏愛多元、寬容、開放、高品質的生活，渴望體驗獨特的生活，重視工作的彈性和挑戰性，獨立自主並著重自我的價値和表達。

只是就如同其他工作一般，室內設計也是同樣試鑲嵌於具體社會關係中的勞動，這使得室內設計執業在面對商業和創作自主的緊張狀況，以及藝術家邏輯和經濟邏輯的協調上，必須試著去適應並習以爲常。而設計的自主性要有可能提高，往往得伴隨著執業的生命週期有豐富的年資後，尤其是在作品中的成熟度與細緻度的顯現；像是無病呻吟的話術可能少了，更多的是在空間形式的材料構造掌握、施工介面協調等的關注，一種返回到日常性生成的設計狀態。

由於受到產業發展與經濟情勢明顯影響的關係，相較於建築或景觀專業，室內設計的專業邊界相較上是不易堅守的，市場的競爭也因門檻低而相對激烈；執業條件的現實環境使然，雖然使得室內設計工作者普遍對於公共意義和社會責任的敏感度反應有限。但是，能在執業市場功利主義瀰漫的氛圍中，依然能夠保有創作的自主性與尋求作品的藝術性，毋寧是還有著知覺的室內設計師的企圖與可以思索的挑戰，不容易卻是値得肯定的態度與價値。

國立高雄大學建築學系教授兼系主任 陳逸杰

推薦序

美學到生活的完美共鳴

在設計圈子關注工一設計近十年，應該是從三位夥伴創業不久開始，從他們的展覽、得獎，以及社群發表的作品，在線條、材質，以及光線的掌控，令人激賞。在我計劃搬下台中的 2022 年初，終於有機會見證這個仰慕許久的設計公司，於是從臉書上聯繫並拜託小白，將毛胚的房子交給心目中一時之選的團隊。

我們夫妻都是工業設計背景，量體尺度不同經驗的關係，對室內空間的設計人而言，這種釐米等級的視角本就近乎苛求，也自知要搞定品味特好的太太更難，更何況這份敏感度又碰上對新生活的想像，加上迎接家庭新成員的期待。我們就這樣從建立 Line 群組溝通開始，肆無忌憚的把大量美好想像圖片及各種偏執要求，把人生夢想一股腦交付，再陪著挺著大肚子的太太和設計師們來回討論。同爲服務性的設計工作，這次我難得享受當甲方。

兼容條件和要求是不容易的工作，能在紊亂中收斂出脈絡，以簡單有力的符號和色調貫穿整體，呈現在第一次模擬圖時就令人驚艷！加上專業的素養和溝通的耐心和謙和，果然團隊名副其實。記得當時設計圖上有一個線條的處理不同於我個人美學經驗，但沒用力主張，總感覺是我們不同的空間經驗，直至完工時細細品味，才明白是爲創造立面櫃體的層次感，這種張力表現也許這就是這個團隊有所成就的獨特觀點吧！

這是第一次和工一的共同的創作，披上工一獨家色號的礦物塗料是女主人的偏執；大面積加圓角的鍍鈦板是男主人的夢幻；從天花落下的客廳秋千是爲小女兒預備的神來一筆。貫穿空間的一整體弧形元素，以及個性鮮明卻不失柔美，理性與感性兼具加上在生活場景下光影氛圍，完工後至今仍然心動。

歲末感恩一切的美好，也祝福工一設計下一個十年，繼續在這塊土地創造感動和幸福，從一到無限！

奇想創造 董事長 & 2016 總統創新獎得主 謝榮雅

推薦序

室內設計使人快樂與自由

正行很客氣地請我爲了他們的新書寫序，實在汗顏。其實同爲設計師的我，除了有幸目睹他們三人公司的一路成長的過程之外，並沒有什麼資格談太深刻精闢的觀點，只能說十年之後用一種見證者的角度，分享一下我看見的這個公司的堅持與開創。

說起認識工一這個團隊的時間點，要回到十幾年前三個人剛剛開業，在大直河堤邊的工作室。我爲了工作室的作品與細部慕名而去，跟迎面而來的三個年輕設計師，大家還沒開始認識講作品，就蹲在大門口研究起他們的鐵工細部。這樣的開頭與初心讓人印象深刻，除了驚人的鐵件細部之外，我看見三個人談起設計時眼裡的光芒。一如公司的名字，「工在一瞬，一以貫之」。聚焦在公司名稱上的說法很多：工加上一等於王、三人成一（其實也是王）、一加一大於二等等充滿謎樣拼字與各種想像的團隊，註定要在室內設計這個領域裡成爲衆人矚目的堅強團隊。

三人的養成與各自的性格截然不同。既互相扶持又相互競爭，看似荒謬卻正符合十幾年來台灣室內設計市場的詭譎多變。客戶希望設計師的形象既豐富又內斂，既天馬行空又腳踏實地，既了解市場慣性又可以開創新局。這樣對立衝突的個性恐怕只有多面向的經營者才能應付，換句話說，團體戰總是贏得過單挑。其實工一的作品多元，獲獎無數，引領室內設計風格這些我真的也不需要再多贅言。談他們的時候，會想起兩個在求學階段對我影響很大的人。

其一是小說家村上春樹，相信很多（老）設計人都是讀他的作品長大的（哭）。村上春樹在《身爲職業小說家》講述他的小說家生涯，在 29 歲之前都是爲了生計經營爵士咖啡館做盡了勞力工作。而 29 歲那年，到神宮棒球場看球賽成爲他人生的轉捩點。他寫道：「我那時候，不知怎麼毫無脈絡可循，沒有任何根據，『忽然』起了這樣的念頭『對了，說不定我也可以寫小說。』」就這樣他開始他的第一部小說《聽風的歌》，並且很幸運地得到了群像新人獎。看似無心插柳的過程與心境，一如工一成立時的機遇。小說家跟設計師是很像的職業，看似靈光一閃擲地有聲的文字，往往來自於大量的閱讀與不斷努力的堅持寫作，這些看不見的過程累積了如同設計師面對一個案子時，反應在外的靈感與神來一筆。

背後有多少的草圖呢？又有多少不爲人知的嘗試呢？三個人各有彼此在成名前的一段堅持。有時候我們驚艷於設計作品的問世，但大多時候，他們都是在各自的電腦前埋首創作，十年如一。所以，雖然工一得獎無數，但我總是會想起就像村上談到文學獎一樣，他寫道：沒有得獎對他來說反而是件輕鬆之事，文學獎除了少數可評斷的數值外，其餘都無客觀根據。文學獎雖然能引起注目，卻無法將生命注入作品。寫作對他來說，不爲了得獎，不爲了他人，而是堅持做一件會令自己高興的事情。而這件事情，村上先生一做就是四十年。

另外一位則是前陣子過世的坂本龍一先生，他說音樂是一種語言，能夠打破文化和種族的隔閡。在他自傳式的口述書『音樂使人自由』中，坂本龍一不斷提起，自己並未設定什麼志向與目標，他的人生是由一次次偶然的機會帶領。在每一次機會中他全力發揮自己，又帶來更多的機運。唯一不變的事情是他對音樂的熱愛與不斷地浸淫，從小時候的巴哈到披頭四、日本民俗音樂、各種相關領域。他找到了一件足以令他熱愛與投注生命的事情，就是音樂本身。仔細想想，室內設計創造生活，改變人們的環境，從事室內設計何嘗不是一件令人感到自由的事情？這樣的熱情與特質，我也在工一的無數作品當中看見。設計師當然是種職業，但如果可以眞的愛著自己正在做的事情，投注無限的熱忱，爲了追求更好的自我突破而前進，那會是多幸福的事情呢？

推薦工一的新書，其實不只是將它當作一個十年作品集來看。我更希望屬於他們的這股熱情與對於設計的投入，可以影響更多已經在業內的設計師，或著即將入行的年輕學子。室內設計是專業的工作沒錯，然而，室內設計更是一種生活態度，室內設計是一種愉悅的心情，一種單純的感動。它會讓你不顧一切的投入，在發掘新的形式與空間材料中感到快樂。如果讀者眞心喜歡室內設計這個領域，透過欣賞工一作品的設計感之外，應該可以也被他們對於這個專業的熱忱與熱愛所感動。

作爲一個職業小說家，村上春樹最讓我感動的一句話之一是：「能留到後世的不是獎，而是作品。」作爲一個室內設計師，我看見工一十幾年來不斷地堅持提出好的作品，眞心期待喜歡室內設計的大家，可以在這些作品當中感受到眞正的快樂與自由，而那些眞正感受到的快樂與自由，就是永恆與無限的價值。

中華民國室內設計協會理事長 林彥穎

作者序

三

另一個五年又到了！時間過得眞的很快而這五年公司也有些轉變，伴隨著焦慮、自我懷疑同時也讓我們持續成長與進步。

第一個五年《從一到一》是我們三個臭皮匠要合作轉化爲一個諸葛亮的過程作品，第二個五年則是我們從一個諸葛亮再轉化成一群臭皮匠的過程。作品《從一到無限》，無限的定義是一個群體的工作夥伴，轉化過程中我們學習到在作品數量增加的同時，我們如何並肩作戰把作品的意念與細節做更深入的探討與執行，如同上一本書的概念「初心」，此刻我們更能深刻了解到初心是需要一起練習的，藉由每個案子從新出發與夥伴把握每一次能進步的機會。

公司的文化來自於與工作夥伴們的生活與創作痕跡，也因爲這一群人對作品的堅持與努力，才有「品牌」的誕生與價值，這本書獻給我的竹老闆和公司的工作夥伴們，謝謝你們在這設計路上陪伴一起慢跑。

工一設計—張豐祥（阿祥）

工代表過程，一代表初衷，0 代表無限

在準備這本書的時候，也是工一設計成立第十年的時候，這次的內容與我們成立第五年時出的《從一到一》又多了些有趣可以講的東西，除了設計論述及一些作品手法運用外，還多了一些比較感性的經營或是與同事及兩位夥伴相處的部分，還有一些自己這十年來的一些感想，在編輯這些內容時不禁勾起一些創業十年來的點點滴滴，藉由整理這些想法彷彿又回到那些不同階段的每個片段當下。

這本書及上一本書很好的紀錄了我們在這十年來的轉變，《從一到一》是我們三位最初開業這五年品牌建立，一起邊努力邊修正前進的方向，保持著一樣價值觀，在市場上慢慢穩定的生存了下來，一代表最開始也代表共同一致的信念，而《從一到無限》我認爲是經過了生存的考驗後，除了生存我們還得到一些肯定，很慶幸的是代表著初衷的一始終沒有改變，我們也珍惜著，慢慢累積著而來的每個機會，進而去發展出更多變化，從案子的類型到公司的發展，以及我們三位慢慢清晰的個人特質去反映出的更多可能，彼此學習成長，而我們優秀的團隊也在這樣的化學變化下，逐漸建立起正確面對室內設計的思維然後去發展出好的作品。眞心感謝工一團隊的每一位夥伴、以及像鏡子一樣讓我可以檢討自己的阿祥和小宇、還有照顧我們的客戶以及最重要的家人，我也期許工一設計再放眼下個十年，保持從一到一再到無限的精神，每個過程都不要忘記想把事情做好的初衷，進而去創造無限的可能。

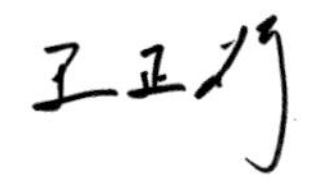

工一設計—王正行（小白）

十年

十年很長，可以讓一個血氣方剛的男孩成爲成熟的大人，十年也很短，一眨眼好像做了很多，卻又來不及完成更多。

時間很快，一直催促著我們不斷往前衝，時間也很慢，彷彿忘了提醒我們已經不再是當初那個莽撞的少年。

也慶幸如此，回頭看看是有些改變，但當初熱愛設計的心，一直都在。

工一設計十年，創造了無數作品，服務了好多業主，一晃眼時間就這麼過了。未來的未來，有更多的目標等著我們去完成，有更多的困難等著我們去面對。但是還好，我的夥伴依然在身邊，更幸運的我們身邊有著更多跟我們一樣熱愛設計的年輕人並肩，彷彿當初那三個莽撞的少年，傻傻的，一直往前衝。

謝謝十年的經過，讓我們成長茁壯。

謝謝十年的證明，讓我們知道初心一直都在。

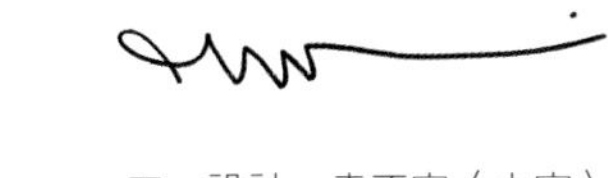

工一設計—袁丕宇（小宇）

Chapter 1

創業 3652 天：每天都是新的考驗

016 PART1. 品牌經營的下一個十年
028 PART2. 真心話大冒險

Chapter 2

發展設計的路：迷途原為看花開

—動機論述 motivating force

042 上下層分配功能區，營造隱私與共享家庭空間
054 輕盈設計結合簡約美學，打造舒適老年居所
066 聲學與美學完美結合的回音之間
078 絕佳景觀融入設計，功能與美學兼具

—空間展演 space display

090 溫馨三代同堂設計，融合日常寧靜與家族團聚需求
102 俐落的分割手法，創造空間趣味
114 生活在美感之中的建築物
126 雕塑般的公共空間，藝術與生活的完美交融

目　錄

—氛圍氣味　atmosphere creation

138　走入都市裡的靜謐之地，隱密安靜的醫美診所
150　科幻感十足的輕食小酌空間
162　舞台效果呈現產品質感，構築品牌形象
174　回到最純粹的居家空間

Chapter 3

跨越走向未來：與學界/異業的對話

188　張豐祥×日本東京大學建築博士謝宗哲
AI 時代到來，空間設計的未來
194　王正行×成大建築系教授劉舜仁
面對 ESG 及缺工浪潮，材質與工法的轉化
200　袁丕宇×宏國建設林柏源
世代新局下，接班人的挑戰與設計師的創新

Contents

Chapter

○ —— ●●

3,652 days of hard work: everyday is new test.

創業 3652 天：每天都是新的考驗

1

走過創業 3652 天，邁向第二個十年的工一設計，如何維持現況，同時保持開創與創新的設計之路？三位合夥人面對逐漸壯大的工一設計，從小公司朝向中型設計公司邁進，完善公司制度的建立以及管理，彼此攜手努力。

PART1. 品牌經營的下一個十年

求生存後，工一想成為什麼樣的設計公司？

創業維艱，是做老闆的第一道關卡。走過創業辛苦後，邁入第二個關卡，如何讓公司變得更好？成為什麼樣的公司？如何去做到？這也是工一設計滿十週年後，未來第二個十年的功課。

Q ——

工一創立初始以承接住宅為主，一路走來也跨足商業空間和建設公司案件，可否談談你們是如何從 C 端消費大眾走向 B 端企業客群？

A ——

王正行（以下簡稱小白）：這眞的是機緣巧合。我們從來沒有接觸過房地產相關案件，是因爲之前在學學文創開課，剛好有建設公司的主管來上課，認同工一設計的設計概念和理念，加上我們從不排斥任何發展可能性，於是開始接觸地產領域。相較於私宅設計，地產設計思維要更加靈活，不能太墨守成規，而且提案費和進度節奏也不同於住宅，相對有一些風險性，是設計師必須要能承擔的。

袁丕宇（以下簡稱小宇）：並不是每一個設計師都適合做房地產，因爲節奏跟想法，都跟住宅設計案不一樣。其實每個人都有機會跨足到地產這一塊，只是能不能接受，先付出心力協助業主如代銷去跟建設公司提案，雖然仍有提案費，卻不一定接得到案子，因爲彼此只是合作提案，總要提案通過，才有後續的展開。此外，做地產需要比較靈活，對方想要的方案，我們都必須迅速提案，對設計師來說是一大考驗。

張豐祥（以下簡稱阿祥）：商業空間需要更多概念跟創意，這一塊我覺得我還蠻得心應手的，目前操作過的商空都有不錯的話題與回響。建案的部分也因爲前幾年的累積，陸續有一些公設的委託，我會嘗試賦予公設另一個畫面，而非刻板印象，中規中矩的設計。

Q ——

歷經求生存、付出心血的創業初期，你們認為工一設計現階段的考驗是什麼？

A ——

小白：經歷十年，設計生態截然不同。以前我們在一間設計公司學習琢磨後出來創業，過程可能十年。但現在這個時間點相對的往前，更換公司的頻率也較爲增加。人員離職會影響流動率，降低流動率對公司營運比較好，所以現在我們會去思考如何留住員工。在這過程中，我檢視以往對待夥伴都是親力親爲，每個環節都親自參與，但其實這樣的方式反而讓同事沒有發揮的空間，所以我現在練習放手讓同事去做，調整成採用從旁督導、協同合作的模式。

一方面遇到員工離職，我也會了解他們想離開的理由，舉例來說是福利或是制度問題等等，我們就會試圖改善調整，這些是現在努力的目標。

小宇：第一批員工離開的時候，眞的會心痛。因爲都是我手把手帶出來的，不藏私把自己會的東西教給他們，也提供很多機會，所以過去從來沒想過員工會離開。但後來我也有檢討自己的思維，了解經營一家公司，員工去留是常態，重點是管理和制度的建立，並且讓公司環境變更好，可以做出更好的作品，在業界享有聲譽，同事才會願意留下來跟著公司一起成長。

我覺得每個人都有適合自己的管理方式，都是邊嘗試邊調整，所以下一個十年，對工一來說最重要的問題就是建立公司管理制度，同事們能明白未來在這裡具備發展空間，也會讓他們感到更安心。

阿祥：第一批員工離開給我的感觸是，身爲老闆心態的調整，我第一個員工離開是第五年的時候，第一次當老闆還不知道怎麼調適。但我們三個有討論過，必須把同事離職視爲常態，工作則要回歸理性看待，想辦法建立制度，讓同事會在這裡可以持續學到東西，而且認爲有發展的可能性，才是比較積極的解決方式。我希望以一種有次序的循環，比如資深帶資淺，帶的過程讓資深同事透過教導，將設計思維傳遞的更爲透徹。

Q ——

看來初代員工離職是近五年的最大考驗，那麼是否有促使你們調整公司運營的制度？

A ——

小宇：最大的改變應該是從有主管到無主管。初期有設立主管，後來發現有些人不適合做主管，反而讓他很痛苦，沒辦法好好做設計，所以現在是我出概念給同事，讓同事執行，但其實十個人有十種想法，沒有誰特別厲害，設計就是要不斷進步，不要太相信自己，然後想要都抓在自己身上，會讓作品產生重複性。

像我在中原大學教書，有時候會請同學分享設計。很多設計做出來，一開始我也會覺得不妥，但後來想想過去我在做設計的時候，也是有經歷過被拒絕的時候，但未必我的東西是不好的，尤其學生的設計最應該不被侷限，而是在發想中去調整，才能讓概念愈來愈成熟。

小白：剛剛有提到，我初期帶人習慣親力親爲，這可能是導致員工想離開的原因，他們沒有太多發揮空間，對案子參與度相對比較低，所以當有同事提出參與度較低想離開的時候，我也會思考其他同事是不是這樣想。現在漸漸地用協作方式帶領同事，不會像以前太過於掌控，並且適時做球給同事，事情總是有一體兩面，但要相信自己的選擇，和同事一起建立更好的工作價值感。所以我常跟同事開會，遇到意見不和的時候一起討論，將我的經驗分享給他們，讓同事去思考再做決定。

其次是用加法的概念，來組織同事之間的工作狀態。因爲每個人的狀況不同，有的人很適合跟業主開會溝通，也些人很討厭溝通，但很擅長工地現場監工，所以必須「因材施教」，針對同事狀況做工作分配與規劃，並建立在對案子發展是加分的前提下。

阿祥：我們這一組，設計發想佔比較多時間，討論大方向後由同仁先發想，等初版出來後我會再介入思考是不是還有更多可能性來突破，通常會有 3 個版本比較後取 1 ～ 2 個跟業主討論，所以平均做一個案子都會花費很多時間跟心力，同事跟我配合一定比較辛苦，應該也有相當比例痛苦的成份，但只要做完 1 ～ 2 個案子，有了成果和過程就應該了解我在意的核心價值是什麼。

另外，跟業主之間會建立一種默契，讓他們知道什麼問題可以問我，什麼問題就問負責的設計師，工地我還是習慣與專案設計師一起處理，也可以保持彼此的溝通。

穩定成長中的平衡與傳承，設計團隊的共創之路

沒有人天生就懂得如何成為一名優秀的領導者，這是一個需要不斷學習與調整的過程。創立初期，工一設計的三位合夥人帶領員工完成了一個又一個出色的設計案，成為團隊中的核心支柱。隨著公司規模與案量的穩定成長，三位合夥人逐漸放手，讓團隊有更多發揮的空間，通過協作實現設計質量與產量的平衡，並為團隊注入創新的活力，讓每個人都能在過程中找到成就感與價值。

Q ——

工一設計的案量穩定成長中，如何在作品產量和質量之間取得平衡？

A ——

小白：早期在案量較少時，設計時會投入大量心力，特別注重細節。然而，實際上屋主更關心的是實用性需求，美感是否達到滿分並非首要考量。隨著經驗的累積，設計的方向逐漸調整爲更專注於屋主的需求與喜好，讓他們滿意才是最重要的，慢慢體認到不必追求無可取代的獨特性，設計沒有最好或最厲害，但一定有最適合，只要符合需求且和諧適宜，即可稱之爲好的設計。

阿祥：作品產量少的階段，因爲質量都不錯，幾乎每一個案子都能入圍具有指標性的獎項，例如台灣室內設計大獎 TID AWARD。反觀公司案量開始增加，入圍件數卻慢慢減少，甚至回想每一個案子都是我親自繪圖，卻沒有達到足夠的設計能量，促使我開始思考是不是要團隊分工？例如以前每一張圖都是 3D，製圖費工費時，後來改成手繪，跟同事溝通概念，接著讓同事去接手，延續我的發想。這樣的轉變，反而讓彼此之間的溝通更加順暢，又回到每一件作品幾乎都能入圍的狀況。

小宇：設計項目的選擇主要取決於產品屬性，不會盲目接案。例如，商業空間雖然利潤較低，但因其展示性高，可以讓更多人看見作品。與私人住宅的隱密性不同，若遇到具備發揮空間的商業項目，即使獲利不高，還是會考慮投入設計。私人住宅則以隱密性與實用性爲主，設計的核心在於滿足業主的需求，而非一味追求美觀，畢竟每個人的審美標準各不相同。

樣品屋與實品屋的設計也有所不同。樣品屋在使用上具有時效性，通常最終會被拆除，因此以視覺美感爲主。而實品屋未來將有屋主居住，設計時則需優先考量空間的實用性與生活功能。

Q ——

面對穩定成長的作品量，設計的創新依舊是由三位主導嗎？

A ——

阿祥：創新的核心仍然由我掌握，但我也會爲同事設定任務，並引入新的建材或設計思維，和他們共同討論、發想，一起推進設計的進步。設計工作本身充滿挑戰與壓力，若缺乏成就感，長期堅持下去將變得相當困難，因此我希望藉由團隊合作，讓每位成員在過程中找到自己的價值與動力。

小宇：在我和同事的分工中，美感的掌控由我負責，我也會提供主要的規劃方向，不過，創新與設計的細節則交由同事發揮。我鼓勵同事嘗試使用新材質，即使過程中可能增加一些成本，但只要不影響整體利潤標準，我都能接受。我認爲適度的授權能讓同事擁有一定的主導權，這不僅有助於激發他們的創意，也能保持對設計工作的熱情與投入。

小白：我會和同事共同討論並發想設計方向，後續則將執行部分交由他們負責。如果有新建材，也會鼓勵同事充分發揮創意，再由我進行調整與整合。特別是近年來接手了較多接待中心及建案公共設施的規劃，這類大型項目希望能透過協作的方式，讓同事更積極參與設計過程，增強團隊的參與感與凝聚力。

Q ——

在持續創作的同時，是否擔心「長江後浪推前浪」？被年輕一輩設計師超越？

A ——

阿祥：我確實會擔心，但正如小宇所說，現今業主對於空間的預算投入普遍較高，因此更傾向於呈現穩定且成熟的作品，過於超出常規的設計手法可能並不適宜。然而，我仍會根據業主的個性與需求，盡力爭取創新的表現方式，唯有持續創新，才能緊跟時代的步伐，並讓年輕一代認識與了解我們的作品。

小白：設計本身其實很難用明確的標準來評斷好壞，而業主更重視的是穩定的品質。我認爲我們目前所追求的目標，不在於一味地追求創新或打造極具突破性的作品，而是專注於穩定的輸出，確保每件作品都能維持一貫的高水準品質。

小宇：不會，只要踏實地做好自己的本分即可。尤其是現在我們所接觸的室內設計項目，預算普遍較高，這類業主更注重的是安全與穩定的設計，而非過於突出的創意表現。他們通常不會輕易將空間視爲設計實驗的場域。

邁向新階段，誠實面對設計對自己的意義

因為對設計有熱情，才能在繁瑣的工作內容下繼續保持耐心跟熱情。互相砥礪跟互相鼓勵，讓彼此保持著對設計產業的熱度跟好奇心，希望未來每一個十年，持續端出好作品之外，更帶領工一設計走向品牌化。

Q ——

從踏入設計產業到創立工一設計，三位創辦人在產業近 20 年，設計對你們的意義是什麼？

A ——

阿祥：設計對我而言是一種生活方式。前陣子我參加了國外的建築團，學習新知並將其分享給同事，看看是否能幫助他們對設計有所啟發。設計早已成爲我生活的一部分，這個意義始終如一、沒有改變。

小白：設計對我而言，一直是一件我喜歡的事，我是一個很容易被感動的人，特別喜歡美好的事物及畫面，能讓空間畫面變得美好，而剛好這就是我的工作。如果可以感動自己又感動業主，我的業主開心，我也會很開心，雖然過程總是要付出心力，但做出這樣的設計時候，你就會發現這一切都是值得的，而且保持這樣信念比較可以健康地走更長遠，就是我最愛這一行的原因。

小宇：我的感受沒有太大改變，與當初踏入設計行業時一樣。當看到自己的作品完成並取得成功時，仍然會感到激動與興奮。雖然本質未變，但所面臨的挑戰已不同。例如，從早期熬夜繪圖及監工，到現在、未來的 5 ～ 10 年更多的是如何推動設計進步、穩定輸出、讓同事獲得成就感，並且經營公司的長遠發展。這些挑戰更加艱難，但我對設計的熱愛與喜歡從未改變。

Q ——

工一設計滿十週年，希望下一個十年成為什麼樣的公司呢？

A ——

小宇：下一個十年，我們希望逐步淡化個人名字的影響，讓「工一設計」這個品牌成爲核心，打造一個以品牌爲主的形象，而非依賴我們三位創辦人的個人標誌。因此，我們正在探討如何以企業化的經營模式來有效管理與運營公司，以推動品牌的可持續發展。

隨著未來世代資訊的高速發展，若公司過於依賴個人名義，可能在設計上產生視角上的侷限性。因此，我們的目標是讓「工一設計」成爲一個廣受認同的品牌，並致力於創造一個良好的工作環境，讓同事認同公司的品牌價值與管理制度，進而願意留在公司一起打拚，與公司共同成長。

小白：經過十年的發展，若要讓工一設計進一步壯大，必須逐步去除個人化，強化品牌形象的獨立性與鮮明度。未來，我們希望能讓「工一設計」這四個字成爲消費者心中最直觀且深刻的印象，進一步提升品牌的辨識度與影響力。

阿祥：公司持續茁壯，才能讓同事對未來充滿希望，並獲得更多發展的可能性。因此，在未來的十年，我們將以品牌化爲核心目標，致力於提升公司的整體競爭力與長遠發展。

Q ——

既然工一想成為一個品牌，但應該有許多業主想要指名三位創辦人，你們又是如何看待這個問題？

A ——

小宇：業主指名合作，是對我們的一種信任。然而，他們之所以選擇指名我，而非專案設計師，主要原因在於對專案設計師不夠熟悉。因此，在項目初期，我都會親自參與，並向業主介紹負責的專案設計師，逐步協助業主對設計師產生信任感。

我們會透過建立專案群組來促進溝通，讓業主在群組中提出問題時，由專案設計師負責解答。同時，我也會提醒設計師，除了完成設計工作外，還需積極回應業主的疑問，藉此培養業主與設計師之間的信任關係。若遇到設計師無法解決的問題，我才會適時介入協助處理。

小白：我也會適時地引導業主與同事互動，避免業主過於依賴我，導致負責的設計師與業主之間缺乏溝通與聯繫。在與業主溝通時，我會清楚說明自己的角色，表示我是整個案子的設計總監，主要負責把控整體美感與方向。然而，在專案的細節部分，負責的設計師擁有更深入的了解，因此能夠提供更加具體和詳細的回應，比我更爲精確。

此外，在專案初期，我也會向業主說明，我並非完全不參與細節，而是安排了一位在細節上具備更專業知識的設計師來服務他們，確保專案的每個環節都能得到妥善處理。這樣的分工方式能讓業主更安心，也能促進設計師與業主之間的信任與合作。

阿祥：我主要負責掌控設計細節，但執行與處理的部分會交由同事來完成。設計會議時，我一定會全程參與，但像家具軟裝之類的會由專門的同事提案，最後再給我確認。

在工地方面，雖然現場有專人負責，但我仍會親自到場，並盯緊每個環節直至完成。由於設計過程中有許多繁瑣的細節需要處理，我通常會陪同同事一起在現場與業主進行溝通與協調。

通常到專案尾聲，業主會逐漸意識到專案設計師在過程中的付出，即使業主有意表達感謝，比如贈送禮物給我，他們通常也不會忽略專案設計師的一份心力，展現對整個團隊的認同與感激。

Q ——

三個人可以一直合作下去的理由？是因為一直保持「競合狀態」嗎？

A ——

阿祥：如果我們拆夥，憑藉三個人的實力，各自發展也一定能取得不錯的成績。然而，選擇一起合夥，則能凝聚更大的力量。這種合作模式的核心在於彼此的相互尊重，每個人都可以按照自己的方式進行設計，這也是我認爲工一設計特別出色的一點。

這種相互理解與包容的價値，正是工一設計在運作中最珍貴的一部分。

小白：我覺得我們三位都是屬於很正派的設計師，也希望工一在業界是一個正正當當、傳遞正面價値觀的設計公司，如果大家都是用心經營，設計師們在業界形象好，其實對整體都是好的，加上阿祥、小宇人品都不錯，我們也擁有相同價値觀，所以就可以繼續合作下去。

小宇：我們三個人的價値觀十分接近，儘管在生活方式上各有不同，但在工作上始終保持著相近的理念。彼此之間能夠包容與協調，且性格都較爲穩重，不會輕易衝動。遇到紛爭或意見不一致時，通常透過相互理解便能化解，這種默契與共識使我們的合作更加穩定與長久。

PART2. 真心話大冒險

創業初期，設計團隊面對從住宅到商業空間的多樣挑戰，不僅需要突破技術與創意的限制，也在摸索合夥與團隊合作的最佳模式。從繁瑣的案子中累積經驗，從分歧與磨合中學習成長，這些點滴交織成了設計道路上最重要的養分。

創業以來碰過最棘手的設計案？如何化解？是直接放棄？還是轉危為安？

阿祥：「喝采燈具店」是開業時的第一個商業空間案例，需在三層樓空間內以一百萬元的預算完成規劃，在有限的經費下，設計還是非常有強度。據小白本人表示，正因看到了這個案例，才決定與我攜手合作、共同奮鬥（我在想是不是他覺得設計追不上我），這也成爲日後「工一」誕生的關鍵。

小白：最棘手的設計案或許談不上，但最棘手的經歷應該是我們三人第一次合作的項目，也就是我們的第一間辦公室。當時，光是選擇地點就耗費了不少時間。由於每個人都有各自在前公司累積的既定思維模式，認爲辦公室應該有某些特定的樣貌，加上適合的地點確實稀少，因此好幾個月都無法找到讓大家滿意的選址。最後，我們在民族東路靠近松山機場的一條巷子裡找到了一間空間寬敞且租金低廉的物件，後方還有一條水溝。我和小宇當時覺得這間很符合需求，但看房過程中阿祥臉色不佳，雖然當場沒說什麼，但晚上便發了一大段訊息表達不滿意，還說如果我們堅持租下，也可以，但希望不要投入太多預算。看到這些訊息，我隱隱有種「合夥即拆夥」的危機感。經過討論，我們三人決定不將就，必須找到一個眞正讓大家都滿意的空間。幸好在一個月內，我們就在大直找到了一處一樓的場地，前面能停兩台車，周邊也有車位可供租用，終於獲得一致認可。

找到地點後，接下來就是設計規劃。我們決定各自提出一個平面方案，並以投票方式選出最終方案。約好一週後見面時，阿祥帶來了幾張密密麻麻的草圖，而我和小宇則直接印了空白圖紙，現場邊畫邊討論，甚至還批評阿祥的方案中會議室佔用過多空間。他當時主張會議室必須有獨立動線，而我們則認爲不必要。當場阿祥沒有反應，但果然，晚上又收到一大段訊息，從內容看出，他的態度帶著些許妥協的無奈感。後來，我和小宇解釋了我們的工作習慣，說明我們不常使用詳細的草圖紙，而是習慣邊討論邊即時繪製，這才讓阿祥稍微釋懷。而事實證明，他對細節的堅持正是這次規劃成功的關鍵。

整個過程中，我們三人逐漸學會放下原有的思維框架，接納彼此的新觀點。例如，阿祥後來將會議室設在公司入口，放棄了獨立動線的構想，實際使用後也沒有任何問題。我和小宇則從阿祥的材料運用中學到許多，例如，當我們第一次指著生鐵板和夾板問：「這部分完成了嗎？」時，雖然內心忐忑，害怕又要收到長篇訊息，但實際完工後，發現這些材料的運用非常恰當，甚至影響了我自己日後的設計習慣，讓我對生鐵的使用產生了極大興趣。回首這次經歷，這的確是一段挑戰自我框架，開拓新視野的合作旅程。

小宇：台北市某豪宅的實品屋設計，由於建設方對平面規劃非常了解，但又希望在設計上有所創新，再加上這也是我們公司首次承接豪宅類型的實品屋，雙方在初期進行了多次試探與調整。記得在平面圖設計階段，我們反覆修改了十多次，甚至對隔間牆的 3 公分或 5 公分之差都經過詳細討論。一度曾有放棄的念頭，但轉念之間，我感受到建設方對該案高標準的要求，也激發了我的鬥志，告訴自己絕不能輕易退讓。最終，經過不斷的磨合，雙方逐漸建立了默契，並順利完成了這項設計。這段過程不僅讓我克服了諸多挑戰，也帶給我許多寶貴的學習與成長。

創業以來最具挑戰性或創新的設計案為何？挑戰什麼？或創新什麼？

阿祥：「台南伸保展間」，由於該空間是選材室，需要克服預算有限的限制，並因施工由業主端執行而無法採用過於複雜的工法，同時，還要呈現系統板素材的純粹，以及挑戰有別其他展示方式的設計手法。最後，我們用雞蛋紙盒作爲整體空間的主題材料，運用最經濟的素材，賦予其超越原本價值的設計表現，我想這是設計最讓人興奮的事了。

小白：在成立公司第二年時，遇到一位已經找過好幾家設計公司但都不滿意的客戶，他的需求是在上下兩層合計約 30 坪的住家空間內，收納近萬本書籍。當時對於我來說，這是一個相當棘手的挑戰。但由於剛創業，每個案子都視爲磨練機會，因此我們內部提出了多種平面規劃的可能性。最後，靈感來自阿祥當時常使用的一種強力磁鐵工法，我們設計出了一個可以摺疊收納於牆面的鐵件鏤空踏面。透過這樣的設計，樓梯旁延伸的整面書櫃能搭配可翻折的踏面，讓人能踩在上面取下最高處的書籍。如果不是因爲觀察到阿祥經常測試各種特殊工法，我們大概無法發想出這樣獨特的解決方案。這個原本讓我一度卡關的案子因此順利解決，至今仍是我最喜愛的設計案例（法國玫瑰）之一。

小宇：「沃坦展間」，業主與我們一樣是由三位年輕人合夥經營，專注於個性化皮革訂製。他們對自身品牌的定位與風格有著清晰的認知，因此提出許多想法。這個案子是我們公司初期少數的商業空間設計之一，在實現業主需求的同時，融入我們自身的設計概念，成爲一項極具挑戰性的工作。另外，當時我們對商業空間案的操作經驗尚淺，因此在時間與預算的掌控上也面臨不少困難。所幸最終順利完成該項目，不僅獲得了多項國內外設計獎項，還榮獲我們最想拿到的台灣室內設計大獎 TID AWARD 新銳設計師獎，對我們而言意義非凡。

創業以來印象最深刻的案子？為何深刻，是因為人？事？還是物？

阿祥：公司剛成立時，經常接到一些雜項維修的介紹案。其中一位業主很特別，我們的監管費是以她舊家倉庫中的竹製長凳作爲支付方式。這張長凳歷經了兩個辦公室搬遷，始終擺放在公司入口的接待座位區。這位業主後來終於買了新家，並再次委託我們進行設計，能與業主建立長久的友誼，是最開心的事情。

小白：公司成立初期接到的第一個完整案子，是位於宜蘭的一對夫妻的退休度假宅。之所以讓我印象深刻，主要是因爲這是創業初期唯一一個完整的住宅設計案，相較當時多爲局部改裝或修繕的項目，這次終於有機會完整發揮在前公司累積的全案設計能力，因此格外珍惜。由於項目位於宜蘭，當時公司尚未聘請員工，所以幾乎每週都是我親自前往工地，搬運材料、監督施工進度。記得在工程接近尾聲時，正値跨年夜，那天忙到幾乎接近午夜，趕回台北時已經過了 12 點，跨年就這樣在路上度過，感謝太太的體諒，認爲把工作做好才是最重要的事。

最終，這個項目圓滿完成，無論是我們還是業主都非常滿意，更幸運的是，這個案子讓我們在創業第一年便榮獲第一個台灣室內設計大獎 TID AWARD。後來，業主的第二間房子也再次找我們規劃，甚至最近他們位於南港的住家也委託我們設計。在討論設計方案時，我特別建議我們一起在他們住了數十年的家中拍一張照片，等新家完工後，再在同樣的位置拍一張對比照。與這對業主相識已有近十年，從他們的孩子還在念小學，到如今已經國外畢業，進入一流企業工作，這段合作不僅僅是一個設計案，更是一段深厚且美好的合作關係，讓人無比珍惜。

小宇：印象最深刻的是一對夫妻的退休住宅。這對夫妻年紀較長，並無子女，夫人從事時尚產業，對美學有著深刻的見解，且對自己退休後的生活方向十分明確。這讓我見識到一種有別於傳統觀念的生活方式，儘管是私人住宅，但因應業主的個人喜好與需求，也可以有完全不一樣的設計方式，只要設計師透過深入理解其生活需求，設計也是有無限可能性。

創業以來設計過最喜歡或滿意的案子？為什麼？

阿祥：「自宅」，設計當然仍有很大的進步空間，但能從「第三人稱」轉變爲「第一人稱」的角色，對我的設計思維而言具有莫大的意義與幫助。能讓家人共同生活在這個空間中，從「宅」轉化爲「家」，這份眞實的生活體驗讓我對這個設計案更加喜愛。

小白：我最喜歡的設計案是我的第一個家，位於內湖山上，實際室內面積只有 14 坪，但當時的設計相當精彩。雖然已經過了八、九年，不過現在回頭看，我還是非常喜歡。這不僅是因爲它是我的家，更因爲當時將其設計爲一個類似實品屋的概念，爲的是在創業初期案例不多的情況下，能作爲公司的一個作品展示。實際上，後來也帶過不少客戶到家裡參觀，藉此向他們說明工法、工程品質等細節。

雖然空間小，但若處理得當，反而能展現出一種細膩的氛圍，也能讓客戶看到我們在面對空間挑戰時的能力與概念。來參觀過的業主普遍評價不錯，也增強了對我們的信心，當時因此順利簽下了一兩個案子。這個小而精的設計，不僅對我個人具有特別意義，也成爲創業初期重要的助力與象徵。

小宇：每個作品我都很喜歡，但並沒有所謂最滿意的作品。設計就是如此，三不五時回顧過去的設計時，總能發現一些不足之處或可改進的地方。而這些不足與可以改進之處，正是下一次創作的重要養分，有些遺憾反而成爲設計中最動人的部分。然而，最終能成爲公開作品的，必定是喜歡也滿意的設計，因此，每個案子我都喜愛，但並沒有最喜愛或最滿意的作品。

創業以來意見最不合的一次，為什麼？如何解決？

阿祥：「工一辦公室」是工一成立後的第一個合作案。當時，彼此還處於不太熟悉的階段，對於如何共同設計、分工合作，都還在摸索中。然而，正是透過這個案子，我們更加確立公司的經營模式，在確保整體運作具備一定制度的基礎上，探索出讓三人既具獨立性又富有彈性的合作方式。當然，這一過程中少不了我兩位合夥人最擅長的「隨機滾動式調整」（忍不住偷偷抱怨一下）。

小白：除了前面提到的第一次辦公室平面配置的分歧外，其他部分我們其實沒有太大的問題。因此，如果一定要找出最不合的一次事件，大概就只有那次了。

許多有合夥人的公司都是由兩人組成，但我們的團隊是三人。除了在專業上彼此認同外，還有另一層信任的基礎，因爲我早在國中時就和小宇是同學，而大學時又和阿祥成爲同學。正因如此，在意見分歧時，我們通常採用直接投票的方式解決。然而，後來發現一個有趣的現象：有些事情的最終決定反而落在那唯一的一票上。也就是說，當兩人持相同意見時，反而會特別想了解，爲什麼第三人對某件事有如此堅持（這裡就不說是誰了）。

在可以容錯的範圍內，我們常選擇按照少數意見去嘗試執行。這樣的做法逐漸成爲三人之間一種特別的默契，也讓團隊運作更加有趣且多元。

小宇：因爲我們三位的設計是分開做（除了一開始辦公室嘗試過合作），因此在設計層面基本上不會出現意見分歧的情況。若要說有分歧，主要發生在公司管理和制度的層面上，難免會出現看法不同的時候。然而，合夥的優勢在於能夠聽到不同的聲音。値得慶幸的是，我們三人皆爲理性之人，遇到意見分歧時，往往會傾聽彼此的理由，深入分析問題，最終找到一個大家都能接受的解決方案。因此，截至目前爲止，所有的分歧都能順利解決。

創業以來最感激的人或事？為什麼？

阿祥：「夥伴同仁」與「不議價的業主」。

室內設計是一個充滿高壓的行業，能夠在我們公司擔任設計師，無疑是一項相當不簡單的挑戰，尤其是老闆時常喜歡「搞一些有的沒的」，無形中增加了大家的工作負擔。因此，能在工一工作的夥伴們實在不簡單，更別提那些長期受到「薰陶」的資深同仁，尤其值得敬佩。

一路走來，我們非常幸運遇到許多欣賞我們團隊的業主，雖然過程中難免會有一些插曲，但大多數業主對我們充滿包容，甚至發展成爲持續聯繫、相互關心的朋友。我想，這也是這個行業最特別且令人感動的地方之一。

小白：創業以來，要感謝的人實在太多，受到的照顧和指導也無法一一道盡，若眞的要細數，或許可以再出一本書。但其中最要感激的人，無疑就是我的太太 BinBin。

主要是我們兩人同爲設計師，她對設計也是十分有想法。在創業初期分工尚未明確時，我們經常爲了設計細節爭執，甚至有一次因爲客戶的鏡櫃設計問題，在早餐店吵了一架（不過最後還是採用了我的方案）。我深知，兩個對設計同樣有想法的人在同一個案子中合作是件極具挑戰的事。設計的過程需要兼具主觀與客觀，因此在無數次的爭吵（磨合）中，我們找到了最適合彼此的分工方式——她負責軟裝與專案管理，我則專注於設計與工程。實際執行後，果然順暢了許多，甚至有時我都由衷佩服她的軟裝搭配，跳脫常規卻十分到位（雖然她仍經常自信地認爲平面設計比我強）。

隨著案量的增加，我們的工作負載也愈來愈重，加上家庭成員的增加，我們的兩個孩子逐漸面臨教育與更多生活照料的需求。這些她幾乎都親力親爲，包括孩子的學習、節日儀式感的安排、健康管理、出遊規劃等等，她的肩上承擔了巨大的壓力，但卻讓一切運轉得井然有序（大多時候如此）。我深知這份辛苦，內心無比感激。如果要細數所有感謝的話，恐怕得增加好幾頁來寫。總之，我能有如今的發展，眞的是託她的福。（值得一提的是，當她知道我要寫這段時，還特別叮囑最感謝的人一定要寫我媽媽！）

小宇：最感激的人是我太太。由於工作的性質，每天需要面對大量的情緒問題，雖然我已經相當擅長控制自己的情緒，但偶爾還是會不小心影響到她。也有時候開會一整天講了太多話，回家眞的不太想再講話，只想躺在沙發上，謝謝她願意包容體諒一個在外一條龍，在家一條蟲的另外一半，這份支持是我持續前進的力量來源。

創業以來做過最有成就感的事？為什麼？

阿祥：我認爲是創業至今所持續累積的創作能量。與同仁們一同珍惜每一次創作的機會，從不輕易放過自己（當然，不包括業主端堅持的部分），始終將熱情傾注於作品之中，這是一項需要長期累積與實踐的課題，而以身作則更是不可或缺的態度。

小白：其實，有成就感的事情在腦海中浮現了許多，不外乎是完成了誰的家，或是跨足某個新領域。但回想起來，最讓我難忘的一件事，還是發生在剛創業不久的時候。

當時剛開業，接了幾個修繕案，例如將浴缸的磁磚改爲石材，或者將房門從推門改爲拉門。那時，親朋好友得知我創業，紛紛提供各種機會，這些案子對於初創階段的我來說，並沒有選擇的餘地，也多數僅是解決問題，無法展現太多設計。然而，其中有一個小型改裝案，卻令我印象深刻。

業主是一對年長的夫妻，他們希望根據年邁的需求更換局部的櫃體。老太太特別提到，隨著年紀增長，她經常感到腰酸背痛，而 20 年前設計師幫她做的鞋櫃已經變得難以使用。我仔細觀察後發現，鞋櫃下方抬高了 30 公分，且沒有設計門把，這樣的設計多是爲了立面美觀，但需要彎腰從下方將門片打開，對於老太太而言，這樣的動作已經非常不方便，而且鞋櫃內的鞋子散落一地，明顯已經無法符合她的需求。

於是，我提出了一個既經濟又實用的建議：從五金行挑選幾個漂亮的門把安裝上去，並將門片包覆壁紙，搭配整體風格。此外，我還幫他們購買一張小型穿鞋凳。後來再次拜訪時，我看到門口的鞋子收拾得乾乾淨淨，門把上還掛著一個購物袋。雖然整體外觀算不上好看俐落，但門把與壁紙的搭配頗具優雅感。老太太特別感激地對我說：「設計師眞的很重要，可以改變一個人的生活。」

這麼一個小小的設計動作，卻讓我感動了很久。那天中午，老太太甚至親自做了一份臘肉炒飯招待我，我們倆都笑得很開心。這次經歷讓我深刻領悟到，正確的設計不僅是爲了解決需求，更是爲了讓使用者感到幸福。有時候，我們設計圖上的幾條線，對我們而言可能只是「好不好看」，但對於業主來說，可能要使用上千、上萬次。如果設計不夠貼心，帶來的就是長期的麻煩。因此，良好且貼心的規劃，眞的能爲使用者帶來更便利、更舒適的生活。

小宇：看到同事獲得成就感，是我工作中最大的成就感來源。我在工作中的目標，除了做好作品之外，更重要的一部分是將我的設計理念傳遞給同事，並分享待人處事的經驗。我教導的不僅僅是設計，更多的是對事物的看法以及解決問題的方法。我常說，設計並無絕對的好壞之分，但處理事情的方式卻有優劣之別，我希望我們公司的同事，不僅能在作品上有充分發揮的空間，更能培養面對問題並解決問題的能力。畢竟，對設計師而言，成就感是推動不斷前進的重要動力之一。

創業以來最難忘的時刻？

阿祥：創業初期，曾遇到一位女業主提出兩戶住宅的設計需求，當時由我和小白分別負責其中一戶進行提案。過程中，我們意識到這個案子可能需要承擔某種程度的「以身相許」風險才能順利推進，當時我們也確實接下了這個案子。

小白：當然是在我們都 35 歲之前，一起獲得台灣室內設計大獎 TID AWARD 新銳設計師獎。站在台上的那一刻，因爲我比阿祥和小宇年長快一年，我很擔心如果 35 歲那年還沒拿到這個獎項，隔年他們可能就會把我給淘汰了。

小宇：應該是我們三人一起出國領獎的時候，第一次出國領獎，與國外的設計師交流，讓我們深刻體會到世界的廣闊與設計領域的競爭激烈，同時也增強我們對自身設計的信心與決心。當然，那時也趁機進行了一次短暫的小旅行，如今因爲工作繁忙，我們已經很難再抽出時間一起出國，但也期待在不久的將來，能再次重溫當初的那份感動與收穫。

有沒有發生過氣到想拆夥的事？後來如何解決？

阿祥：延續上一題接了此案之後，小白中途棄案烙跑留我獨自一人面對女業主，這件事至今仍深深烙印在我心中。不過，所幸此案最終順利結案，因而也打消了曾經一度萌生的拆夥念頭。

小白：其實還眞的沒有什麼，如果有不愉快的事情，我們通常會約出來吃頓飯。有時候事情發生當下覺得很不愉快，但透過吃飯、聊聊天，甚至喝點啤酒後，這些問題都會化解。

小宇：意見不合的時候總是有，但從沒想過拆夥，沒什麼事情是睡一覺或是幾杯酒不能解決的。

有沒有發生過讓你感覺還好有另外兩位同伴在，很安心的事？什麼事？

阿祥：有一次在杭州工地與甲方董事長及主管開會，但因爲前一晚三個人去吃了當地著名麻辣火鍋，而我從小腸胃較爲敏感，不幸在會議進行中突然肚子劇烈不適。情況緊急，我立刻離場尋找廁所，但一時之間竟找不到，等我回到會議現場時，已經過去了三十多分鐘。當時，眞的慶幸還有兩位合夥人協助撐場，先行參與會議，才未造成更大的影響。

小白：其實，我一直覺得自己很幸運，工一的組成是由阿祥、小宇和我一起的。我也曾經想過，如果我們三人當初沒有討論要合夥成立公司，而是各自發展，應該也都能有不錯的成績。但最讓我慶幸的是，我們選擇了一起創業，這讓我們能夠相互學習，並保持一種良性的競爭。

如果今天只有我一個人，我不知道該找誰討論設計。雖然業界有許多朋友，我們偶爾也會有交集，但要眞正有那種感同身受的默契和緊密的合作關係，還是必須在同一家公司、共同經歷各種酸甜苦辣才行，那些開心或沮喪的時刻，每個人都有，但我們可以彼此分享、互相支撐（或者說取暖）。

有趣的是，其實有時候我們一整天甚至不會說上一句話。雖然我們的座位在同一排，就在彼此左右，但即使辛苦了一整天，回到辦公室，只要轉頭看到他們兩人專注工作的模樣——無論是畫圖、做簡報，還是偶爾偷看 IU 的 MV——當下就算再累、再沮喪，好像所有問題都變得沒那麼重要了，心裡也覺得特別踏實。這種安心感，是我覺得最珍貴的。

小宇：其實心裡知道他們一直都在，就是一件很安心的事。

Chapter

Journey of design: Got lost for seeing better scenery.

發展設計的路：迷途原為看花開

2

聚焦於三位創辦人的設計核心，分別從動機的論述解析、空間展演手法，以及氛圍與氣味的獨特詮釋，探討他們的創作脈絡。透過設計，如何以創新的方式解決空間與使用者之間的各種挑戰，並逐步形塑出屬於工一品牌的獨特價值與設計語言。

上下層分配功能區，營造隱私與共享家庭空間

○ —— ●●

隱舍 ｜ 住宅空間 ｜ 125.62 ㎡（約 38 坪） ｜ 2022

空間的設計，依據居住者的生活需求來規劃，打造獨立與舒適性，不必墨守成規。在這個個案中，兩層樓的使用空間巧妙地將不同功能區域分配上下樓，客廳與主臥位於上，餐廳與廚房則設於下，與孩子們房間相鄰。這樣的佈局維持家庭成員隱私，還在上下層之間創造出共享私密空間。

將主空間分拆至兩層樓，父母與孩子各自擁有獨立休息區域，避免日常生活中的打擾，提升生活質量。而這樣的設計，也讓家人可以在各自空間中獲得放鬆，同時在共同區域中享受家庭時光。

儘管室內坪數不大，通過精準的比例規劃，將每個功能區域以最佳方式配置，實現空間最大化利用。這樣的規劃使空間具備實用性，也讓居住者感受到視覺與感官的舒適，進一步放大空間享受。

梯間自然光影片刻。

Plan

上下分流的規劃，動線流通性好

這個住宅設計考慮空間與景觀的融合，將住宅入口從樓下改至樓上，爲整體動線帶來新鮮的變化。當客人入門時，第一眼便能看到位於樓上的客廳與戶外露臺，視線隨即被引導向外，欣賞窗外美麗景觀。這種設計不僅讓動線更加豐富，還增強空間的視覺感受，創造出一種流動的美學效果。

傳統的住宅佈局，公共空間和私人空間往往緊密排列在同一層，但考慮到本案是上下樓的結構，如果所有房間都集中在一層，會使空間顯得過於緊繃。爲此打破常規，將公共空間與私人空間巧妙拆分。樓下是餐廳和廚房，與小朋友的房間緊鄰；樓上則是父母的主臥和客廳。這樣的佈局使得各成員可以在共享空間中互動，同時保有個人的獨立性。

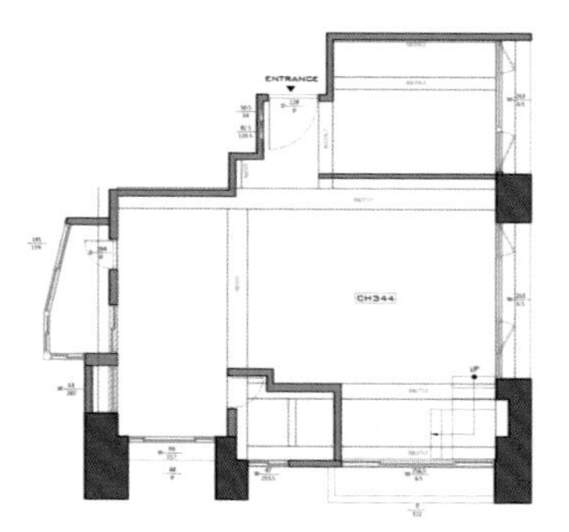

○ Before ▸▸

這種上下樓的分配方式既維持了家人之間的聯繫，又讓每個人有充足的隱私和空間。動線的多樣性與視覺的開闊性相結合，爲居住者帶來獨特的生活體驗，充分發揮上下樓關係的空間優勢。

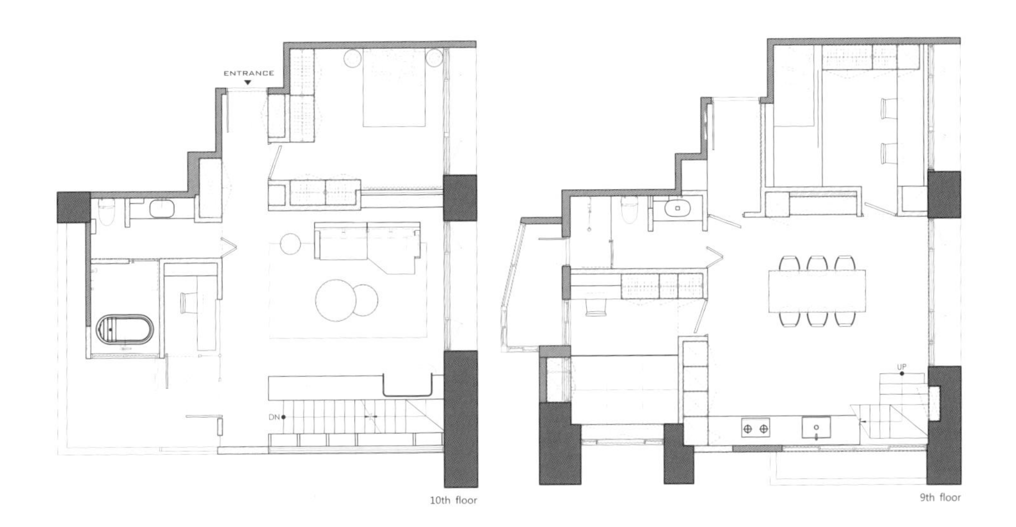
ENTRANCE
DN
10th floor
UP
9th floor

●● After

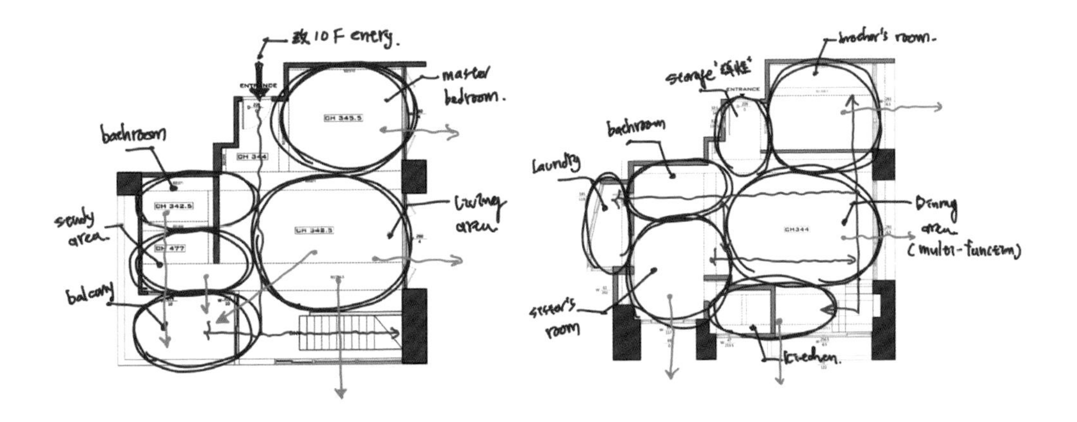
ENTRANCE
master bedroom.
CH 345.5
CH 344
bathroom
CH 342.5
study area.
CH 477
living area
CH 348.5
balcony
brother's room.
storage
ENTRANCE
bathroom
laundry
Dining area (multi-function)
CH344
sister's room
kitchen.

書牆上方採光與視覺延展。

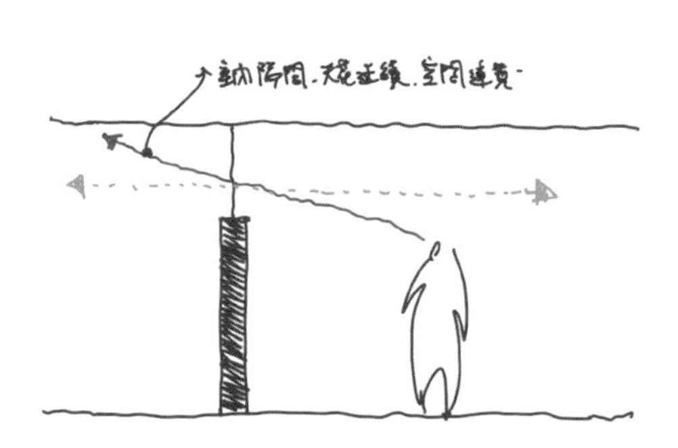

隔間不做滿，上層以玻璃取代，維持採光流動，同時也是視覺上的延伸。

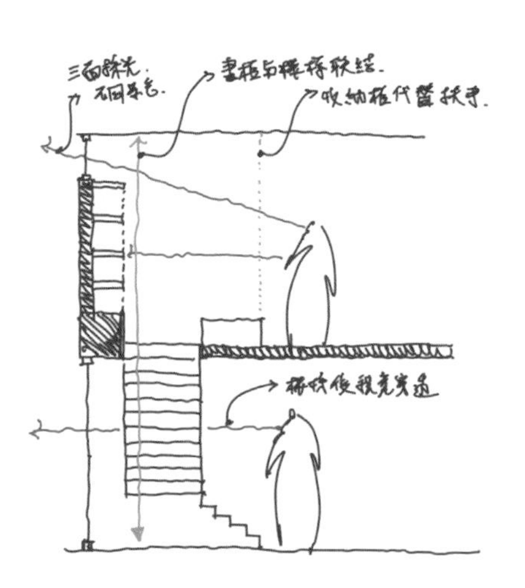

利用樓層的差異，光線隨著空間高度而轉換。

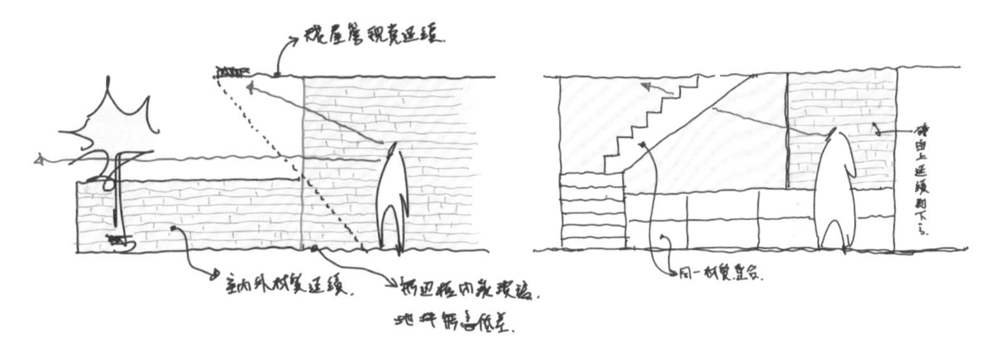

材質由戶外延伸到室內，天花板反之由室內延伸至戶外，讓內外的界線模糊與曖昧。

戶外材料延伸到樓下空間，與陽台的意象有所聯結。

戶外牆面延伸室內。

主臥上方視覺延伸公共區域。

Concept

不做滿牆面，增強室內採光

空間如果能架構在概念上，便能賦予其獨特性，讓設計不同於常規。餐廳與客廳被巧妙地分離，家人之間的房間也保持一定的距離，房門不再彼此緊鄰，這樣的設計確保每個成員的隱私。考量到居所內有一個景觀絕佳的大露台，設計時進行格局的重新佈局，最大限度地保留室內的流通性與採光效果。

書櫃與隔間牆的設計打破傳統封閉性，刻意不將牆體做到滿，而是採用了上方輕透的玻璃作爲隔間。這樣的做法在保障隱私的同時，光源得以在空間中自由流洩，避免光線阻隔，使整個室內空間顯得更加明亮與通透。空間中的每一處設計都強調光線的運用與流動性，讓居住者無論身處何處，都能感受到充足的自然光照。

這樣的規劃手法，增強空間的功能性與舒適性，也通過精巧的佈局營造出開放、明亮的氛圍。這樣的設計不僅滿足了實用需求，賦予空間與衆不同的美學價値。

客廳結構牆上方視覺展演至主臥房。

餐廳上方視覺穿透至小孩房。

台灣獨有石材──蛇紋石。

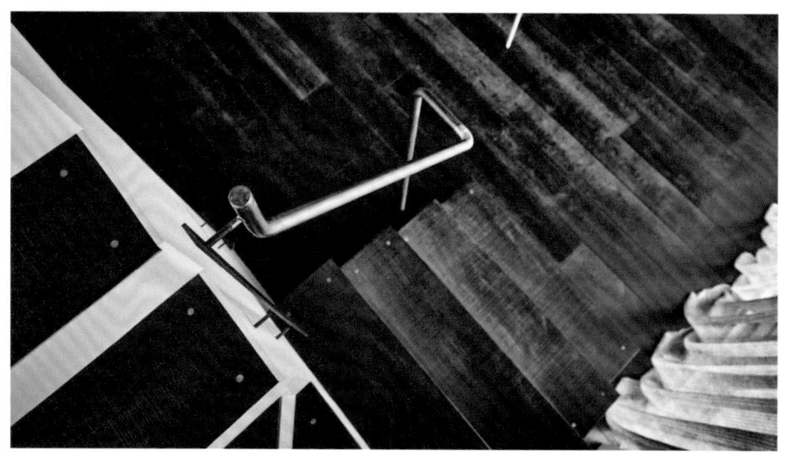

台灣工廠常見的黑鐵材料。

榻榻米爲早期室內材料記憶。

Detail

結合在地文化，彰顯空間獨特細節

以細膩的建材運用，彰顯空間中的細節之美。選用極具地方特色的材料，巧妙地融入每一處細節。書房的書桌檯面使用花蓮的深綠色蛇雲石，這種天然石材不僅爲空間帶來了大地沉穩氣息，賦予書房一種低調奢華感。

空間中選用具有歷史感的傳統磚窯建材，鐵灰色粗獷質感勾勒台灣早期住宅文化元素。這些材料喚起對本地文化的記憶，爲空間增添原始的力量感。牆體之間的縫隙設計則使光線得以自然流入，形成獨特的穿透效果，讓室內外空間在視覺上連貫而模糊界線。

這種結合當地文化材料的設計手法，既尊重傳統，也賦予空間現代感，形成隱晦而有層次的介面。光線在縫隙間遊走，整體空間注入了流動性與靈活性，將自然與人文巧妙結合，每一處細節充滿設計的匠心。

天花銅製出風口氧化的使用痕跡。

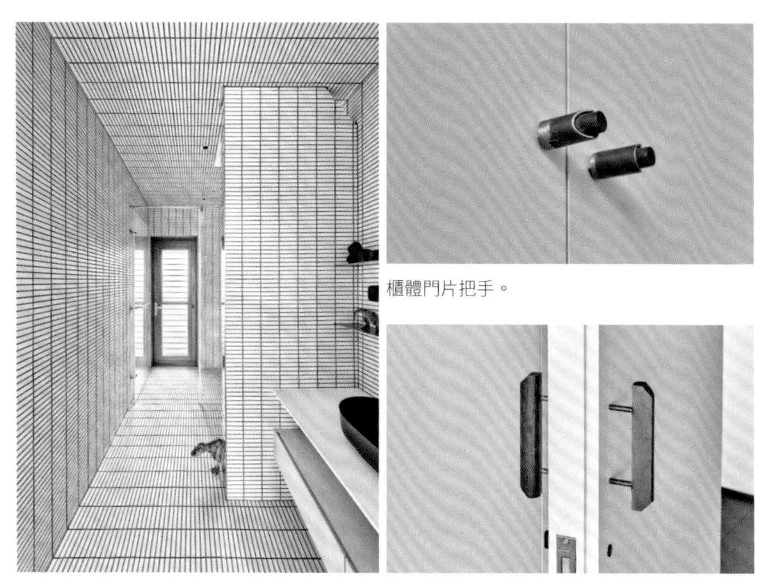

小孩房廁所。

櫃體門片把手。

房間門片把手。

光與影的關係。

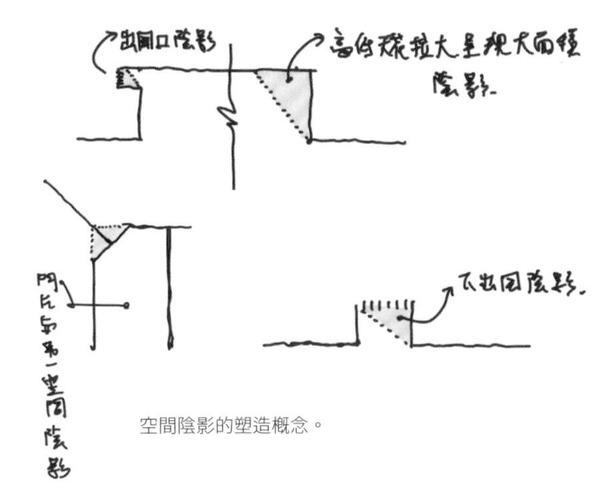

空間陰影的塑造概念。

Sharing

動線與光影融合，打造大拙至美

人在平靜時，對美的感知更敏銳。動線規劃突破了傳統的界定，不再墨守成規，而是保持客觀的思維，爲家庭成員打造出真正符合生活需求的空間佈局。動線設計巧妙，讓每位家庭成員擁有各自的隱私，卻又能在公共空間中自然地共享日常生活。這樣的安排不僅提升空間的實用性，還增加家庭互動的可能性。

空間中，擁有良好採光和景觀的大露台成爲了設計亮點。通過牆體縫隙延續自然光的流動，讓室內外的邊界變得模糊，展現出一種內外一致的空間氛圍。這種設計手法讓人感受到空間與季節變化的和諧共鳴，室內的光影隨著時間和天氣變化而調節，讓空間氛圍自然而豐富。

材質的選擇上，刻意減少複雜的運用，取而代之的是大面積的量體呈現，強調光影與細節的陰影效果。這種「大拙至美」的美學理念，以簡潔的設計語言呈現出空間的質樸之美，讓人沉浸在純粹而深邃的美感中，與自然形成深層的連結。

輕盈設計結合簡約美學，打造舒適老年居所

○ —— ●●

微瀾之境 ｜ 住宅空間 ｜ 158.01 m²（約 47.8 坪）｜ 2023

空間設計依循使用者的需求來制定，才能眞正符合未來的居住需求。在這個個案中，屋主將住宅設定爲老年宅，因此，整體空間的建材選擇以輕盈爲主。無論是隔間材料，還是衣櫃的把手，都以輕盈且順手爲設計基準。

考慮到屋主的年齡，將傳統的投射燈光源改爲更爲均勻的照明系統，光線柔和且均勻分布，不僅避免刺眼強光，營造出溫暖舒適的氛圍，減少視覺疲勞，讓生活空間更符合老年人的需求。

由於屋主曾經在日本和德國居住過一段時間，設計上以簡潔、舒適且實用爲主軸。空間鋪陳以淺色材質爲基調，延續了日式與德式的簡約美學，空間顯得明亮寬敞，還增加整體的輕盈感與視覺的愉悅感。

和紙與天花灑水頭分格關係。

Plan

後吧替代中島，結合實用與空間流暢性

平面格局進行重新佈局，打掉部分牆面，使客廳、餐廳和廚房的結構更加開放與完整，拉大整體空間寬廣感。同時，書房場域也因此擴展，為屋主提供了一個更加舒適和寬敞的工作或閱讀空間。

在與屋主溝通過程中，屋主希望未來能設置中島檯面，增強廚房的功能性和互動性。考量到實際空間坪數，中島檯面可能會使整體空間顯得過於擁擠。因此提出了替代方案一將餐廳後吧檯面延伸作為桌面使用，營造出類似中島效果。

這樣的設計不僅保留中島的功能性與美感，視覺上也避免空間過於擁擠。後吧檯面與餐廳巧妙地連接在一起，既實用美觀，同時保留空間的流暢感。這種解決方案充分體現了對屋主需求的靈活回應，為居住者帶來了更好的空間體驗。

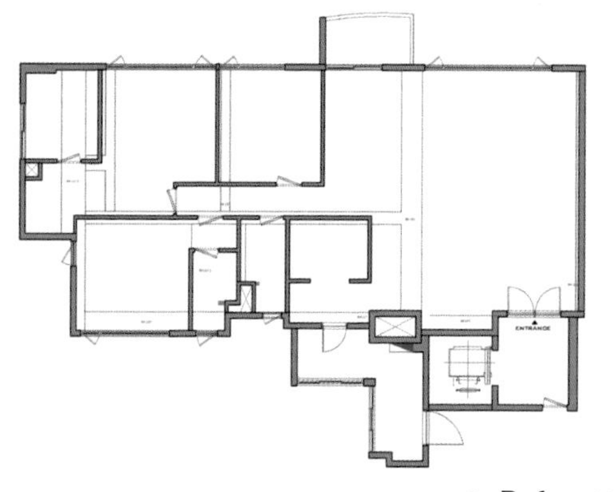

○ Before ▸▸

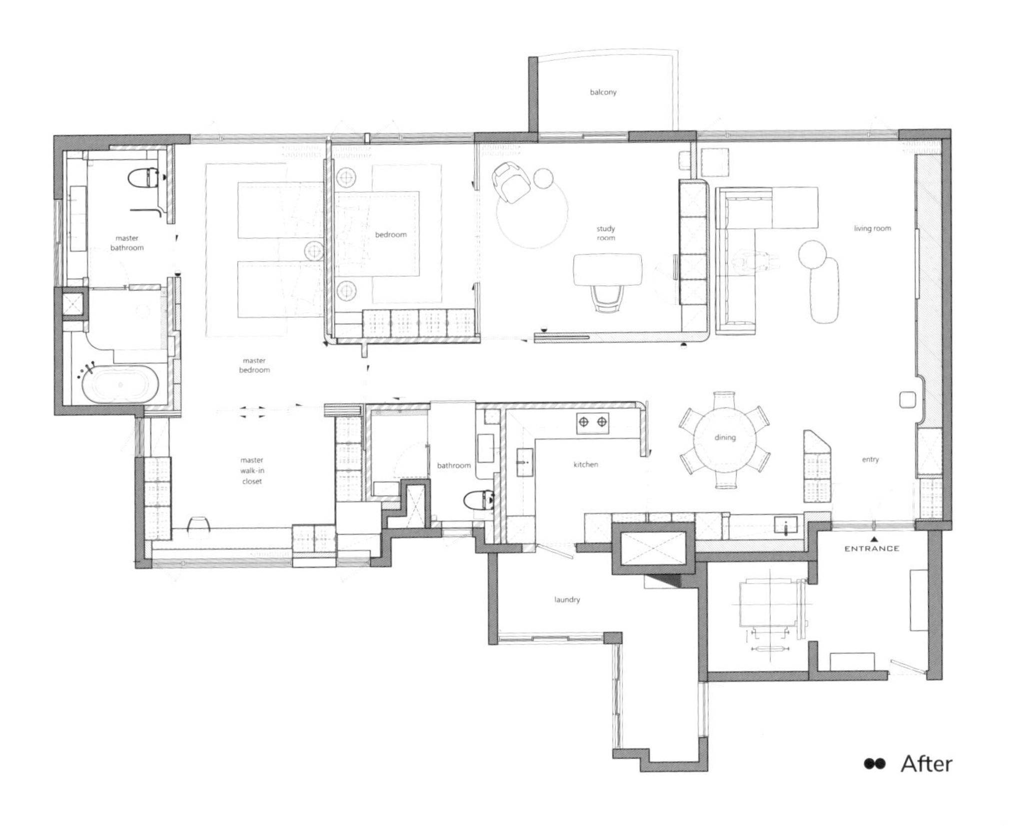
balcony
master bathroom
bedroom
study room
living room
master bedroom
dining
entry
kitchen
bathroom
master walk-in closet
ENTRANCE
laundry

●● After

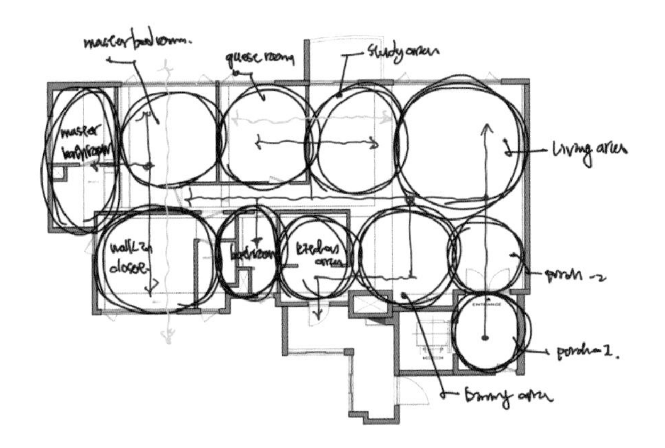
Living area
porch-2
porch-1.

不開燈時可見和紙紋理的純粹性。

開燈後與後方木結構重疊畫面的雙重性。

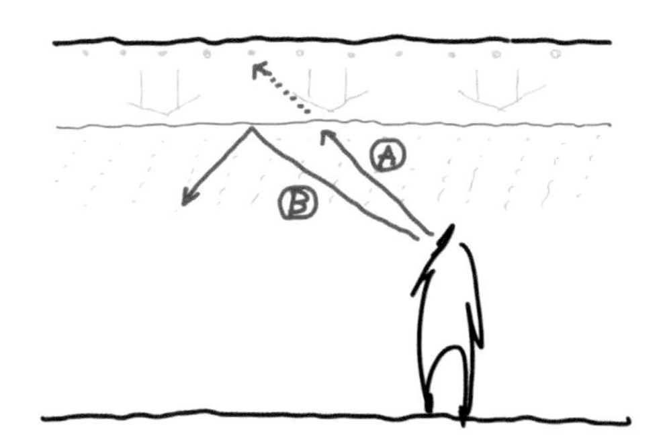

藉由光線看到材質兩面光的變化。

邊緣木結構與和紙收邊細節。

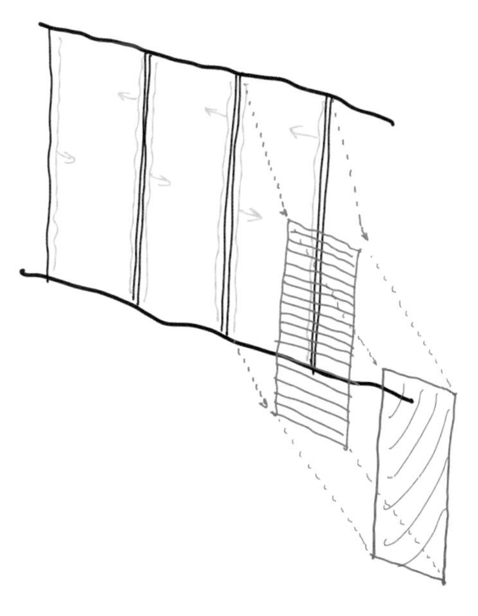

和紙結合壓克力正面作爲門板，同時在立面上可避免髒污問題。

水染木皮與美絲板的前後關係。

Concept

吸音材與無障礙設計，打造舒適老年宅

由於屋主將住宅設定爲退休後的老年宅，整體規劃以未來 20 年的需求爲出發點，因此，空間設計不能依照一般住宅的標準進行考量。爲了確保無障礙空間的便利性與安全性，特別關注糞管移位問題，透過降板方式，避免地坪墊高可能帶來的使用困難，確保行走動線的平順與安全。

在空間氛圍上，設計融合屋主曾經居住過的日本與德國文化，將這兩地的簡約美學與實用性融入其中。日本的沉靜、自然感與德國的功能性與結構感被巧妙地融合在設計之中，營造出一種既具有文化深度，又充滿舒適氛圍的居住空間。

考量現場回音感較爲明顯，設計特意摻入吸音建材，優化聲音環境。這不僅改善聲學效果，減少回音對生活的干擾，還進一步提升居住舒適感。整體規劃以長遠需求爲基礎，確保空間能夠伴隨屋主度過未來的退休生活，既兼具實用性，又不失美學與功能的平衡。

廊道底端主臥滑門結合布藝與鐵件格柵。

天花燈具配置磁吸燈，因應將來視力弱化可隨時增設燈具。

主臥更衣間和紙隔屏。

自然光時和紙後方隱約能看到橫向骨架。

門片與美絲板細節。 和紙門與衣櫃門把手相容性。 地坪石材延伸門片取手造型。

Detail

和紙光源與壓克力拉門，打造輕盈生活

由於屋主較爲年長，照明設計特別重視視覺舒適度，原本較爲刺眼的投射燈被改爲均勻採光設計。一般來說，均勻光源的主要建材常使用薄膜，這種材料常見於辦公室或公共空間。爲了營造更加溫暖、舒適的居住氛圍，於是選擇了和紙，將其黏貼在木框上，提供柔和且均勻的光源。這種自然的材質搭配，不僅提升光線質感，爲空間增添溫暖氛圍，符合老年人對於柔和光線的需求。

在書房的隔間拉門設計上，經過多次思索與討論，最終敲定使用壓克力材質作爲拉門材料。壓克力材質輕巧，易於施力，讓屋主在日常使用中更加便捷，減少了開關門負擔，同時保持現代感與簡約的美學效果。

這些設計細節，從均勻光源的溫暖材質選擇到拉門的實用考量，都是在規劃初期便設定的概念方向，旨在爲屋主打造一個兼具舒適性與功能性的居住空間。

次主臥邊框與床背板關係。

次主臥床背板夜燈造型。

Sharing

輕巧設計與細節考量，維持生活便利

將書房隔間門改爲壓克力材質，是設計時經過多次實驗與思考後得出的結論。這種材質不僅輕巧，還能大大減少手指頭的施力需求，讓拉門變得更加輕盈且易於挪動，尤其適合屋主夫婦日後隨著年齡增長仍能輕鬆操作。

除了拉門設計，櫃體的把手也特別訂製，注重手感與施力點的便利性，把手具備美觀設計感，更強調實用性，讓日常使用輕鬆無負擔。這些設計細節充分考量未來屋主的生活需求，從材質選擇到操作手感，每一處都體現對實用機能的重視。

這樣的設計不僅確保空間功能性，讓空間具備長遠延展性。隨著屋主年齡的增長，這些精心設計的元素能夠順應需求變化，生活保持順暢與舒適。整體規劃以未來歲月爲思考軸心，爲屋主夫婦打造一個可持續使用的空間，無論是當下還是未來，都能確保生活品質與便利性。

聲學與美學完美結合的
回音之間

○ —— ●●

回聲之間 ｜ 住宅空間 ｜ 158.01 ㎡（約 47.8 坪） ｜ 2023

音響室的設計與一般住宅截然不同，涉及更多專業規劃與聲學考量。爲了達到最佳音效表現，需要考慮空間配置，還必須選用增強聲音折射的材料，進一步提升音樂質感。特別是在音響後方的主牆，是折射音場的核心區域，必須滿足建材具備良好的聲音折射功能，同時兼顧美學需求。因此選用堅硬的觀音石作爲音響背牆材料，這種天然石材質地較硬，能有效折射聲波，同時賦予空間自然視覺感受，增添質樸氛圍。

天花板的設計也具有一定的曲折比例，專業架構不僅滿足聲學需求，同時也爲整個音響室提供了穩固的基礎。這些技術細節都已在設計之初確定，設計師的挑戰在於如何在這些聲學限制之下，通過堆疊或替代相似建材的方式，保持空間的美感與視覺的和諧，亦是一個專業音效的空間。

隱藏式 CD 櫃，門片同時具有收藏與展示功能，木紋呼應業主在此空間書法創作的主題。

Plan

動線調整與隱藏收納的良好配置

這是一間屋主特地購買作爲音響室的私人空間，專門用來享受高品質音樂與書法、畫作創作體驗。原始格局爲四房，設計上將動線調整爲三房，使音響室的佈局更爲方正寬敞，充分滿足了音響設備的擺放需求。這樣的格局調整，提升空間利用率，爲音響室創造理想的聲學環境，業主可以在更好的音場中享受音樂，提升聽覺沉浸感。

考量到屋主收藏大量唱片與 CD，特別重視收納需求，同時希望保持空間的整潔與視覺一致性。因此側邊壁面巧妙設計爲隱藏式收納櫃，櫃體不僅容量充足，可以妥善收納業主的音樂收藏，還通過隱藏設計保持牆面的一致性與整潔感，讓空間在視覺上更加簡潔大器。

整體設計圍繞著音響室的功能性與視覺美學來進行規劃，將音響設備、唱片收納與聲學環境完美結合。這不僅是一個專業的音響室，更是一個讓業主放鬆身心、盡情享受音樂的理想空間。

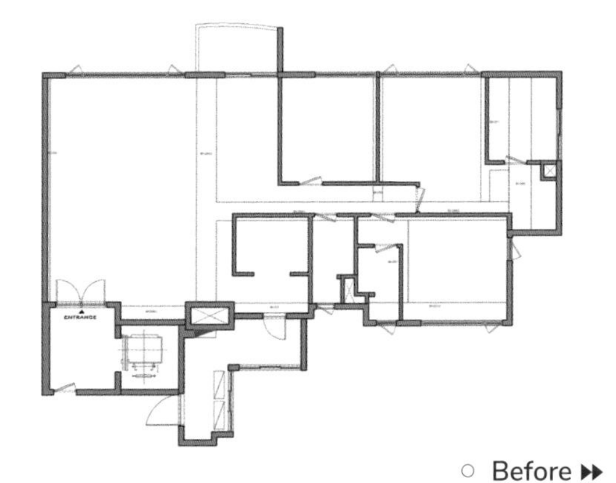

○ Before ▶▶

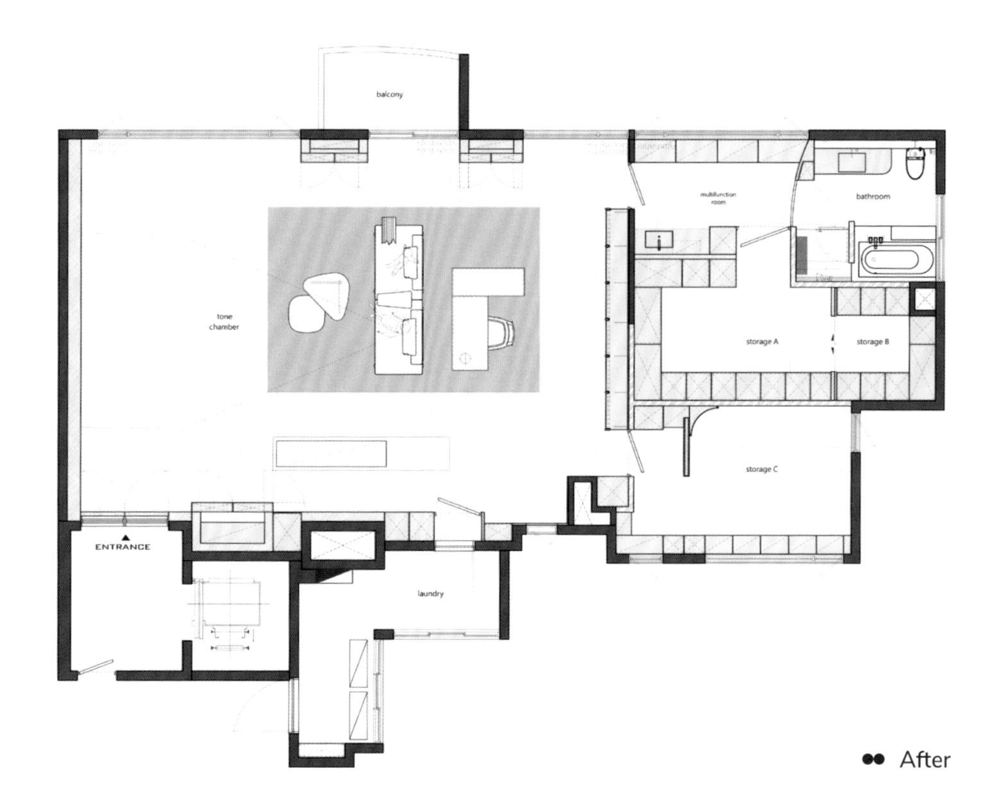
balcony
multifunction room
bathroom
tone chamber
storage A
storage B
storage C
ENTRANCE
laundry

●● After

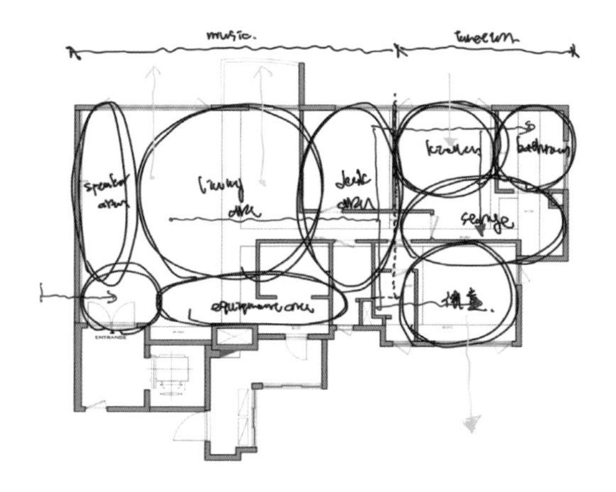
music.
ENTRANCE

圓形鋼管、灑水頭、鋼線、鐵件外框、木作內框與棉線交叉構成關係。

隱藏式 CD 櫃封閉時狀態，同時也運用量體感塑造厚重沉穩的空間氛圍。

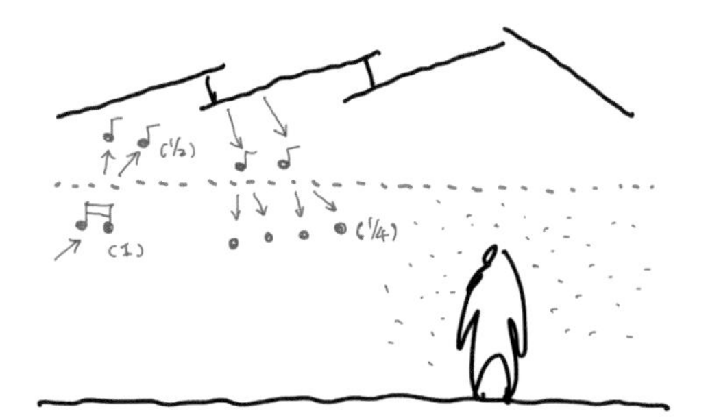

利用棉線的穿透性塑造一個視覺與聲音能穿透的皮層。

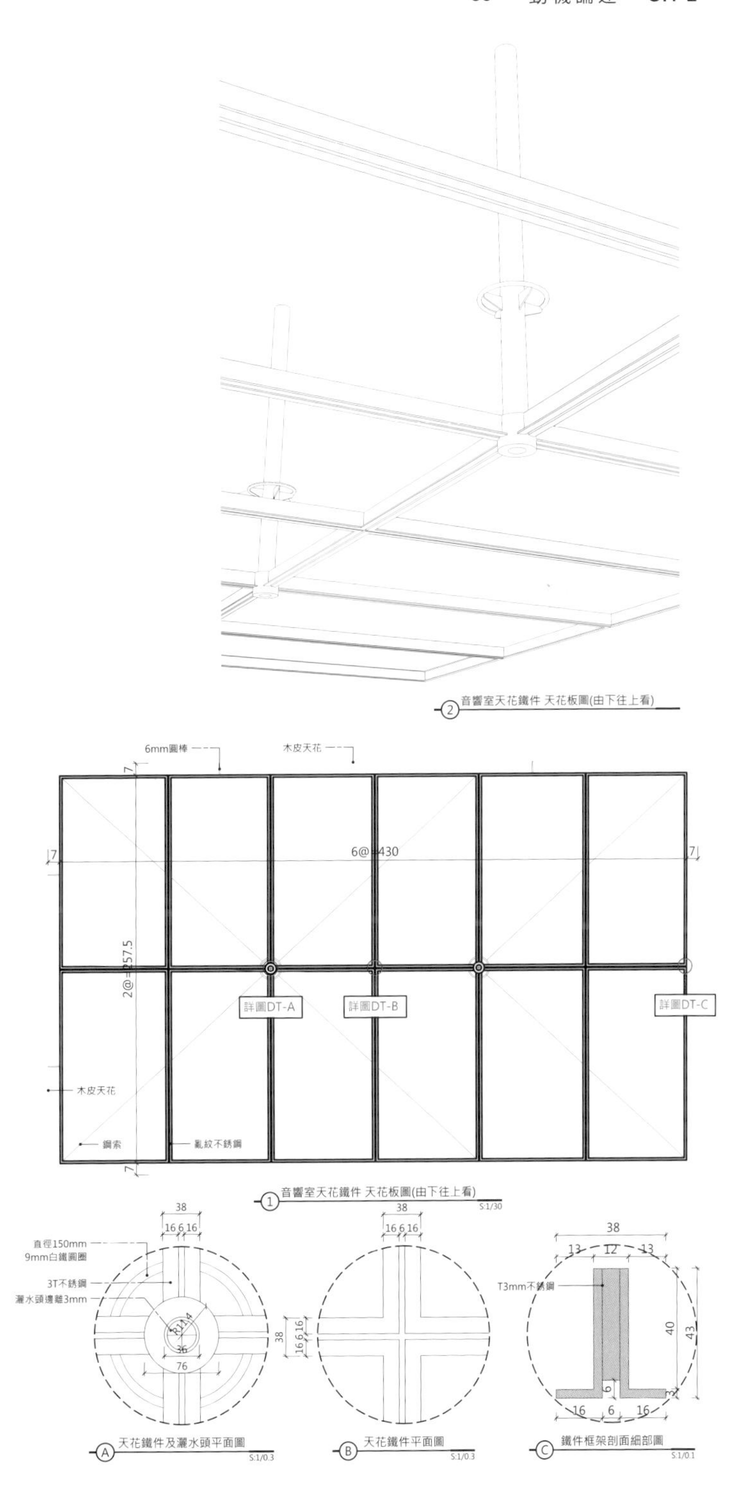

以鋼管爲懸吊支撐主結構，結構管內藏灑水頭配置，外框四周以鋼索連結鋼管運用拉力增加結構穩定性。

Material

灰階建材構築沉靜之美

空間設計追隨一種類似日本物哀美學的美感。這種美學不強調刺激的視覺衝擊，而是在沉靜中展現隱約美感，空間的質樸與寧靜透過材料運用自然浮現。選材上，整體空間偏向灰階色調，大量使用灰色的觀音石，灰色的壁面與灰階的家具共同構築低調平淡的氛圍。

白天時，日光柔和地透過窗戶灑進室內，讓這片灰色的空間帶上些許溫暖的靜謐感，光線與建材交融，空間顯得沉穩而舒適。而到了夜晚，昏黃燈光緩緩降下，細緻勾勒空間的每一處細節，環境更顯安靜與內斂。這種柔和的燈光不僅強化沉靜氛圍，讓音符在其中自由流動增添隱約美感。

不張揚的視覺效果，透過簡潔低調的材料，營造出一種可沉浸其中的靜謐氣息。音符在空間中迴盪，猶如秋日的風輕拂過心頭，讓人感受到平靜與深邃的美。

此背牆由石皮牆同一石材延伸，結合鐵件隱藏式收納櫃與暗門等機能。

牆面以前後 2mm 進退面塑造自然的堆砌感。

立面與地坪石材選用屋主收藏的石雕藝術品同一材料，塑造藝術品在此地誕生的契合感。

棉線皮層與上方天花光影的關係。

手工棉線讓線條的呈現粗細具有變化。

Detail

天花細節雕琢，聲學與美學的精緻平衡

細節處的雕琢，是突顯空間隱晦質感的關鍵，空間內的天花板，則成為了精緻細節的代表。首先，天花板的結構設計完全遵循專業音響室的聲學要求，確保一定角度與比例的曲折天花板，滿足聲音反射與吸收的需求。為了讓這個技術性天花板不僅具備功能性，還擁有視覺上的美感，在此基礎上進行了進一步的創意加工。

與曲折天花板銜接的下方，是由木框與手工纏繞的絲線組成的鏤空造型。這個結構保持了聲學性能，還以其輕盈通透的造型，為空間注入獨特美感。木框與手工纏繞絲線細膩交錯，增加視覺層次，也帶來了一種手工藝的溫度與質感。

這樣繁複且費工的施作，正是設計細節上的堅持。不僅僅是為了裝飾，而是將美感與實用性巧妙結合，讓空間在滿足專業需求的同時，依然保有藝術性的表現力。這種對細節的追求與用心，也讓空間在聲音與視覺之間達到完美平衡，呈現著設計巧思。

試驗纏繞方式過程。

線條的方向性讓使用者觀看的位置不同呈現方式也不同，有平面式與線條式 2 種。

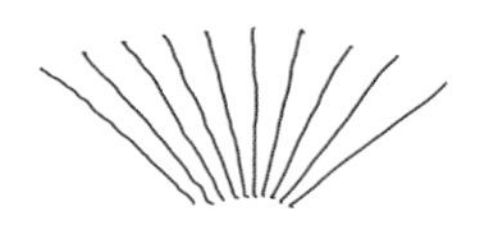

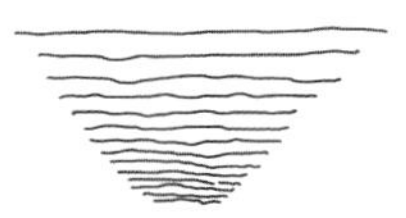

後方黑膠唱片展示櫃鐵件結構構成關係，立柱、橫料再往上支撐平板。

Sharing

自然材質與音符共舞，全方位感官享受

美好的音樂，是生活中最純粹的享受，這也是屋主決定打造一間專屬於自己的專業音響室初衷。在這個專屬空間中，悠揚的音符與沈靜的設計相輔相成，讓音樂不僅是一種聆聽的體驗，更成爲一種深層次的娛樂與放鬆。

空間設計圍繞著自然材質展開，鋼絲、麻線、石材、檀木、鐵件等元素被巧妙地融入其中，爲整體空間賦予自然律動感。這些素材在視覺增添質感，也讓空間充滿五感豐富體驗。木材的溫潤與石材的冷冽形成對比，鋼絲與麻線的交錯帶來細膩手工質感，讓人能在這樣的空間裡感受到與自然的深層連結。

自然素材的運用，讓空間充滿生命力，每一處細節都在隨著音樂的旋律跳動。與音符流轉相得益彰，不僅是聽覺享受，也是視覺與觸覺的多重體驗，爲屋主提供全方位感官放鬆的理想天地。

絕佳景觀融入設計，
功能與美學兼具

○ —— ●●

伴食 ｜ 住宅空間 ｜ 180.49 ㎡（約 54.6 坪） ｜ 2023

這個基地擁有絕佳景觀，是設計中難能可貴的室內條件。爲了突出這一點，室內建材的選擇和造型都被精簡到最少，讓自然景色能夠自由地融入室內，成爲視覺焦點。

設計採用了簡單、低彩度的色調，營造出安靜且平和的氛圍。設計概念架構在實用的基礎上，強調功能性與美感的結合。比如，設置了一個多人使用的方形中島，家人可以圍繞四個面向互動，用餐、聊天或進行日常活動，提升了家庭的凝聚力。

屋主特別要求的酒窖也成爲了空間中的一大亮點，被設計成爲室內的一部分景色，讓空間中的每一處細節都與景觀和生活方式緊密相連，讓人能夠在簡約的設計中，盡情享受生活與自然景色的融合。

櫃門直線取手構成，上爲右開門下爲左開門取手。

Plan

廚房中島為空間中心軸線

這個平面規劃以廚房、中島與餐廳爲空間的中心軸線，巧妙地強調了空間的主體性，讓整體佈局更爲明確、統一。這樣的設計使家庭活動圍繞著此核心軸線進行，不僅增強了實用性，也讓居住者能在其中自然互動，提升了生活的便利性與舒適感。

在立面設計上，櫃體特意不做到頂，爲空間提供了更多的呼吸感。同時，櫃體上方設計了隱藏式照明，光線從下方照射至天花板，再以柔和的方式漫射至整個空間，營造出均勻而溫潤的光感。這樣的間接照明不僅增添空間的層次感，也提升了整體的舒適度。

此外，黑鐵立面的設計爲空間注入了一股隱性的秩序感。它巧妙地引導動線，讓視覺上呈現出整齊一致的效果。這種設計手法在細節處展現了精確的控制力，既保留空間的開放感，又在無形中規範了各個功能區域的佈局，使整體空間既充滿現代感，又富有條理和秩序。

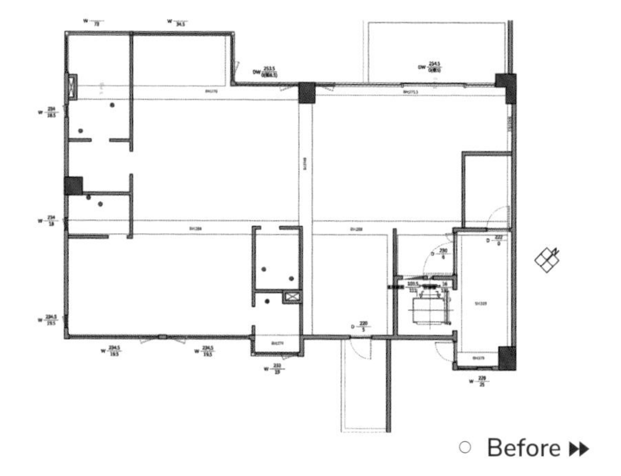

○ Before ▸▸

balcony
master bathroom
living room
dining room
kitchen
walk-in closet
master bedroom
bedroom
cellar
entry
ENTRANCE
bathroom
toilet
storage
foyer
laundry

After

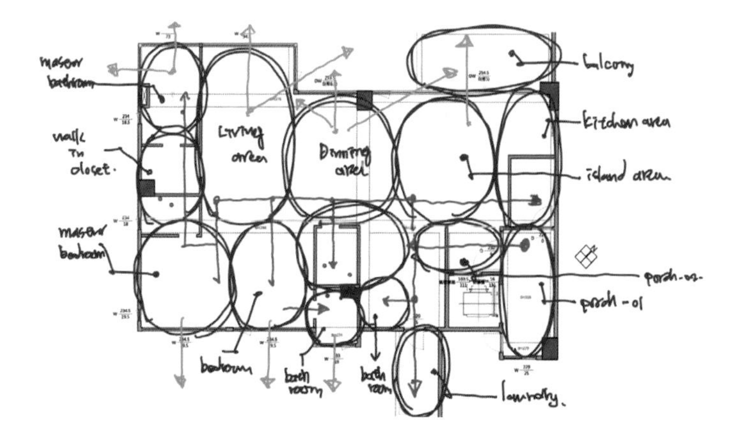
master bathroom
walk in closet.
master bedroom
Living area
Dinning area
balcony
kitchen area
island area
porch-02
porch-01
bedroom
bath room
bath room
laundry.

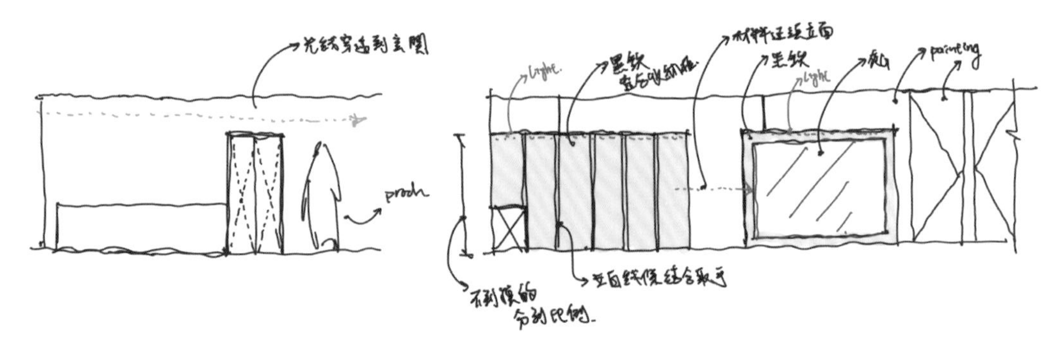

廚房電器櫃高度不到頂讓光線延伸到玄關。

廚房側邊的立面，與酒窖並行，整合成空間造景。

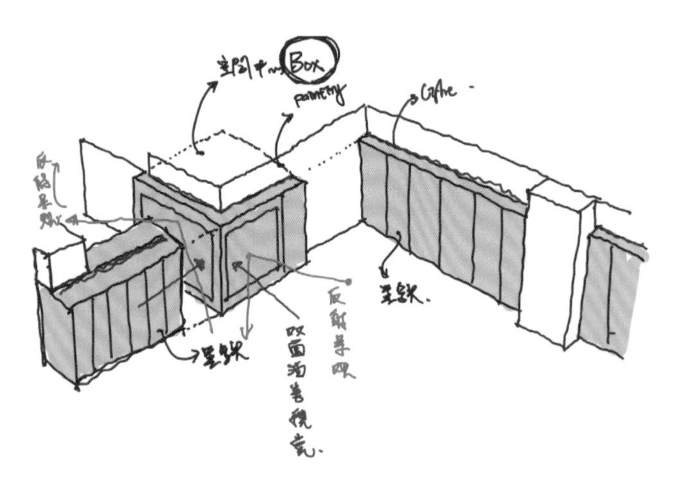

玄關、廚房、餐廳、酒窖與客廳立面統一一個材料與量體的高度，讓空間有一致性的協調感。

鏡面滑門隱藏在收納櫃門片後方，屋主能隨運動範圍移動鏡面鏡射。

廚房收納集中在中島下方櫃體，捨棄廚房上櫃。

懸浮檯面爲吧台座椅區域。

Concept

極簡設計，功能與美學完美平衡

由於室內建材的選擇和造型被簡化到最少，空間的設計概念顯得尤爲重要。本案的設計理念立足於實用的基礎建設，將功能與美學巧妙結合。方形中島是整個空間的視覺核心，選用了帝通石作爲檯面，搭配雞翅木實木線條感立面，營造出自然質樸與現代簡潔的和諧統一。這種設計延伸到廚具檯面，統一使用相同的建材與風格，使整個空間呈現出一致的視覺美感與設計連貫性。

考量到收納需求，雖然建材與造型減至最少，然而中島下方做了充足的收納規劃。這樣的設計使得廚具檯面立面可以保持簡約，不需要額外設置上櫃，爲空間增添了開闊與輕盈感。

特別值得一提的是酒窖，設計上以灰玻作爲主體。白天，它像一個深色的大盒子，靜靜地融入空間，而到了夜晚，當燈光亮起，酒窖彷彿變身爲發光的量體，猶如一個充滿劇場感的場景，爲整體空間增添了視覺上的層次感與戲劇性。這樣的設計在實用與美學之間找到了完美平衡，展現了極簡中的豐富細節。

酒窖黑色量體內嵌在白色量體的立面關係。

當酒窖裡面燈開啟時會變成一個穿透的量體，變成室內的光盒，對調原本的空間關係。

以山景爲主體來考量室內的材質與顏色。

觀察討論後以廚房餐廳爲主題，客廳縮小比例讓家具擺設更爲彈性隨機。

Detail

淺灰地面搭配間接光源，營造豐富層次

地面選擇淺灰色石材仿古面作爲打底，輕盈的色調讓空間更顯通透，同時以金屬邊條收尾，爲整體空間增添了現代感和細節的美感。這樣的地面設計，不僅展現了簡潔的質感，腳的觸感上因爲霧面仿古面的關係，觸感上彷彿踩在肌膚上柔軟的質地，還爲空間鋪陳出一種低調而不失精緻的氛圍。

在燈光設計上，經過深思熟慮，減少了傳統的上方投射燈，取而代之的是光源折射天花板再緩緩落下的佈局。這種間接照明手法，讓光線柔和均勻地散佈在空間中，避免了直接光源的刺眼感，同時提升空間的整體舒適度。地燈與中間光源則作爲補充光源，進一步豐富了光線的層次感，使空間在留白之中仍保有精緻的光影變化。

這樣的光源設計，細膩而不張揚，讓空間在保持簡約風格的同時，透過燈光與材質的巧妙搭配，展現出獨特的層次與質感。即便在大量留白的設計中，空間依然充滿了細節的精心規劃，爲居住者提供了舒適且富有藝術感的生活環境。

地板石材直接洗溝內凹爲門片軌道。

極簡的空間中讓吊燈增添空間的節奏感。

由石材、磁磚、賽麗石依照機能分配來構成。

座椅與凹凸窯燒面材脫開懸浮構成。

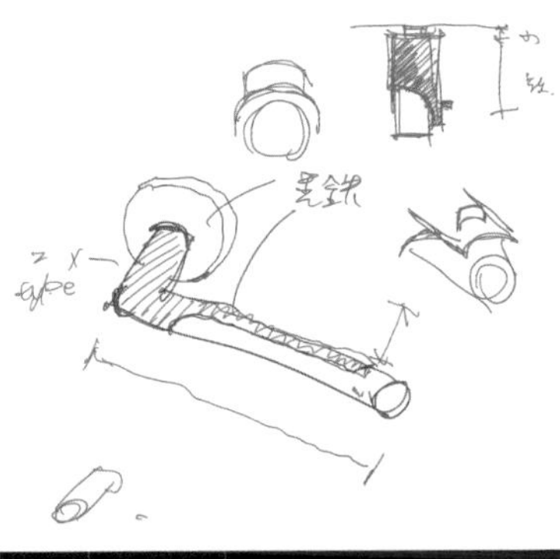

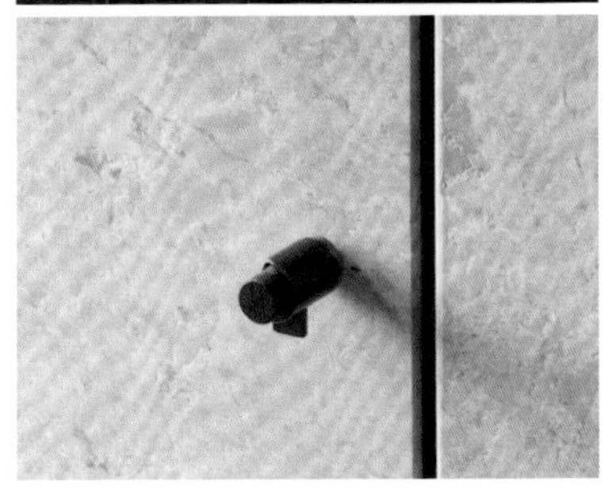

訂製把手以室內材質為脈絡延伸，選用立面黑鐵與廚具的雞翅木作為把手的材質。

Sharing

自然建材與細節巧思，拉出空間細膩感

空間內大量運用了自然建材，將質感與品味細膩地融入每一處細節。黑色櫃體採用實木打造，經過烤漆處理，呈現出高級的質感與深沉的質樸感。這些櫃體不僅具備實用功能，更為空間增添了一層奢華與沉穩的氛圍。拉門的設計更是巧妙，溝縫直接刻畫在地板石材上，這種精確的施工手法，讓空間的整體密合度更加貼切，呈現出一種無縫連接的美感，提升了視覺上的整體感。

浴室設計以景觀為特色，面對著廣闊的窗外美景，設計靈感來自於日本溫泉飯店的佈局。浴缸選用賽麗石作為主要建材，賦予空間自然的溫潤感，周邊則輔以磁磚細心規劃，完美結合了現代與傳統的元素，將窗外的靜謐自然景觀引入室內。這樣的設計，不僅提升了浴室的舒適性，也讓沐浴時光成為一種與自然融合的體驗，這些細微的設計與規劃，無論是材質的選擇還是細節的施工，無不提升了整體空間的居住感受。

溫馨三代同堂設計，融合日常寧靜與家族團聚需求

○ —— ●●

韶華 ｜ 住宅空間 ｜ 188.43 ㎡（約 57 坪）｜ 2023

這個案子是子女爲退休的父母精心設計的居所，既要符合長輩追求寧靜的需求，又要能夠滿足家族聚會的需求，成爲三代同堂、共享天倫的理想空間。屋主的子女經常帶孫子女回來探望長輩，因此空間設計既需要爲長輩日常生活提供平靜，也要能夠在家人聚集時提供舒適的場域。正是這種家庭情感的牽繫，貫穿了整個設計的核心。

通過簡約卻溫暖的色調和佈局，將家人間的親密互動體現出來，讓每個角落都能蘊含深厚的情感。選用天然的實木、石材和礦物塗料，自然材質爲空間增添沉穩質感。實木與石材的結合，強化空間質樸感，也讓視覺更具溫潤。牆面運用平光和亮面處理，呈現層次分明的效果，細膩而不張揚。此外，局部點綴鍍鈦收邊和金屬面板，隨著自然光線的變化帶來柔和的光暈效果，使低調的空間中透出一絲溫暖。

Wholeness

溫潤石材與金屬點綴，日式寧靜氛圍

屋主喜愛日式飯店的寧靜氛圍，這種風格恰好契合夫婦倆樸實的生活習慣。在空間設計上選擇溫潤的萊姆石作爲牆面主材。萊姆石天然的色調柔和，帶有細微紋理，使得牆面呈現出若有似無層次感，增添視覺細膩與深度。因爲空間中大量使用石材，在邊角細節處搭配鍍鈦金屬材質收邊，這樣的設計讓石材質感更爲突出，也在不經意間增加空間的質感與精緻度。

整體空間注重連貫性，木皮、窗戶的百葉扇、地板都以相互和諧的色系進行搭配，讓不同材質之間的過渡更加自然，營造和諧統一的氛圍。天地壁的色系也保持一致，使空間層次更完整，增強視覺延展感。這樣的設計手法，在兼具功能性的同時，讓空間始終散發寧靜和雅致。

Contrast

深淺材質對比，溫潤與銳利交織的層次

在材料搭配上，空間以實木、石材、塗料和鍍鈦爲核心語彙，形成自然質感與現代質樸的融合。用色巧妙地分爲深淺對比，淺色的石材與深色金屬相結合，溫暖的材質配合亮面的質感，讓空間在視覺展現出層次分明的效果。這種反差設計使整個空間充滿生動表情。

例如在廚房區域，深色基調之中選用金屬面板，因其光澤和硬朗質地，在溫暖的環境中展現出一絲銳利的對比。這種處理方式不僅提升空間現代感，還讓材質之間相互交融又對立，視覺層次更加豐富而具深度。金屬的亮感與石材的穩重感彼此呼應，構成空間中旣和諧又充滿張力的氛圍，整體設計具功能性又滿足視覺享受。

Thickness

柔和弧線包覆樑柱，營造有厚度的趣味

在這個案子中，因爲大樓外觀採用玻璃帷幕的設計，結構上不可避免地出現了大量的樑柱，這些大型樑柱在視覺上可能帶來壓迫感。然而，設計上巧妙地運用了木作材料，爲這些樑柱包覆上弧形造型，以柔和的曲線消弭結構上的沉重感，讓視覺顯得有厚度但不壓迫。

這樣的弧形設計語彙並非僅限於樑柱處，而是貫穿整個空間。將這一弧形元素延伸至其他細節，空間內加入大大小小的弧狀造型，甚至在一些小處融入斜面設計，整體空間更具活潑感。圓潤線條與斜角設計，帶來了視覺上的流動性，使得空間不再只是剛硬的結構，而擁有了一種靈動的趣味面貌。這些設計巧思，讓人無論在哪個角度觀察，視線都能在弧形或斜面的引導下自然移動，增添空間的趣味性跟厚度。

Style

精緻間接光源，錯落光影雕琢空間表情

空間的姿態，源自於視覺的表情與細節的精心雕琢。在這個案子中，燈光成爲空間裡不可或缺的表情符號。整體空間的光源設計上採用間接照明，避免直接落下的刺眼效果，營造出柔和舒適的光線氛圍。例如餐桌上的吊燈選用壓克力材質，造型優雅柔美，光源設計朝上投射，通過壓克力的薄膜反射，使光線柔和地散落在餐桌上，帶來一種柔和又舒適的光影效果。

在空間的各處，尤其是轉角和路徑處，精心安排低位光源，既照亮了路徑，也自然引導行進方向。這些低光源控制光線的範圍與強度，使得空間不至於過亮，卻在需要的地方適度點亮。這樣錯落有致的光源佈置，巧妙地點綴了空間的表情，使得整體氛圍更加溫馨且富有層次感。燈光不僅是照明，更是空間表情的細節雕刻。

和室
次臥室
主浴
主臥室
餐廳
客浴
內廚房
玄關
ENTRANCE
工作陽台
露臺
衣帽間
客廳
神明廳

Features

動線寬鬆有致，凝聚家人情感

爲了照顧平日是兩位長輩生活，但假日兒孫回來聚餐的空間需求。動線上的佈置，規劃了大餐桌以及和室，可以容納多人用餐團聚，也有了休憩之處。平日回歸到簡單的兩人世界，可以使用中島的小餐桌，簡單方便。

俐落的分割手法，創造空間趣味

虛室生白 ｜ 住宅空間 ｜ 238.01 ㎡（約 72 坪） ｜ 2023

在這個設計案中，公領域的天花造型連貫且流暢，象徵著不被界限束縛的自由空間。鍍鈦收邊的人字拼地板巧妙圈出區域，讓散落在空間中的家具保持有序感。這種設計手法讓整個空間既充滿視覺動感，又不失秩序美感。

牆面上木作櫃體不頂天、不連續的設計，彷彿浮出牆面，解決生活中常見的物品堆積問題。櫃體提升空間的收納功能，又避免了視覺的厚重感。衣帽間的設計，更是巧妙地隱藏原本正對沙發的客廁，透過精心佈局，使這個區域變得更加私密而有層次感。

白色量體因爲沒有延伸至天花板，這種設計弱化了空間的封閉感，讓光線自然流動，延伸至書房。斷開的牆面巧妙延伸了一小塊純白人造石做成的桌面，弧形設計引導視覺延伸至廊道，靜謐的廊道通向私密空間。走過廊道，屋主可以以更放鬆的狀態進入私領域，感受到空間的過渡與轉換。

KINFOLK

Features

以線條界定空間分割領域

要創造空間的連續性及節奏感，整體規劃很重要。從動線設計到櫃體配置，乃至於壁面與地板的搭配，天地壁的整合才是塑造空間面容的核心。這個空間透過線條的分割感，清晰地定義場域的自明性。無論是地板的材質分界、牆面的分割斷開，還是櫃體刻意突出，這些元素都遵循了一種線條化的設計思維，構建出了一個有條理且層次分明的視覺效果。

地板的分界線條，強調動線的流暢性，區域之間保持了功能獨立性，又相互連接，創造出視覺動感。牆面的分割不僅打破了大面積牆體的單調感，還通過斷開的線條設計，讓空間顯得更加靈活、輕盈。櫃體則以刻意突出與不連續的方式呈現，強調立體感與層次，避免空間過於單一和平面化。

Style

立面量體化，和諧的空間語彙

這個案子的原始外觀建築以白色爲主體，巧妙地將白色元素延續到室內，營造出內外一致的視覺效果。整個室內空間彷彿在屋內又重新建蓋了一處建築，透過「蓋房子」的概念來構思隔間和櫃體設計。這種設計手法使立面量體化，將每個立面之間的關係重新佈局，爲空間帶來了新姿態。

在佈局過程中，重新檢討各立面之間的相容性，通過精密設計確保空間既能保持功能性，又能在視覺上達到和諧。稍作退讓的走道隔間，僅僅縮進了約 10 公分，這看似微小的調整，卻在空間中創造更大的量體延續視覺性。這樣的設計選擇，寧願「浪費」一些空間，也要換取空間的完整性與層次感，讓視覺變得更加流暢與輕盈。

整體設計通過這種細膩的量體化手法，強調空間的結構性與美感，同時保持實用性。白色的延續使整個空間顯得純淨、明亮，從外觀到室內，空間的整體感得以完美呈現。

Thickness

適當的空間厚度，帶來視覺質感

厚度，是空間設計中的一個關鍵細節，從牆壁到建材的厚度，無一不是構築空間層次與質感的重要元素。在這個案子中，運用厚度來塑造空間的細節和氛圍。例如櫃體刻意設計成凸出牆面 4 公分，這樣的厚度不僅實用，更爲光線提供了隱藏的空間。光線巧妙地被埋藏於櫃體內，透過光影變化使得櫃體在視覺上更加立體，爲整個空間帶來了層次感和深度。這些看似微小的厚度設計，讓空間的每一處都充滿了細膩的質感。

同樣的設計手法也延伸到走道的規劃中。走道的牆面特意延續書房量體，凸出了走道牆面 10 公分，這一簡單的調整讓單調的過道空間瞬間產生了不一樣的視覺體驗。多出的這個厚度對於行走尺度雖然微不足道，卻賦予了整個來自於客廳的量體延續感，使得空間流動性得以提升，讓住戶在遊走其中時能感受到更加寬敞舒適的氛圍。

Segment

分割，是為了創造更多交流

分割，不僅是空間的界定，更是爲了展現空間的「表情」。書房作爲男主人的專屬區域，考量到其工作性質，需要一個安靜、獨立的環境。然而，設計上並不希望書房與整體空間完全隔絕。因此，書房的天花板特意未做到頂，牆面也以分割的手法巧妙斷開，營造出一種既獨立又聯繫的氛圍。

這種設計手法使得書房看似獨立，實則通過預先設定的縫隙微妙地與外界相連，讓光線和氣流自然流通。同時，這些分割所形成的縫隙，不僅保留了空間的隱私性，還讓書房與外部環境保持一種隱晦的聯繫，呈現出切割量體的多層次性與延展性。這樣的設計讓功能與情感共存，實現了獨立與連通的平衡。

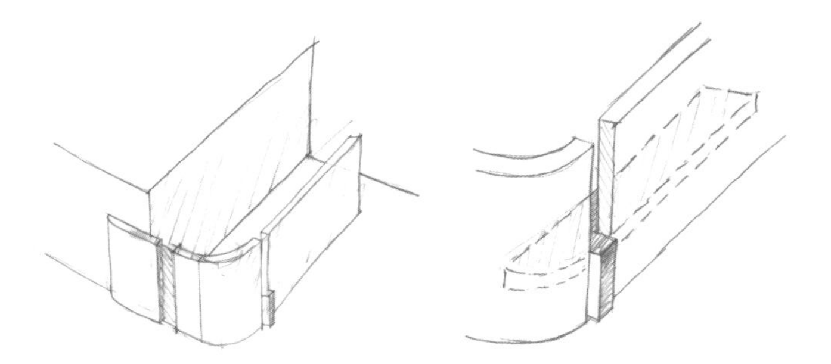

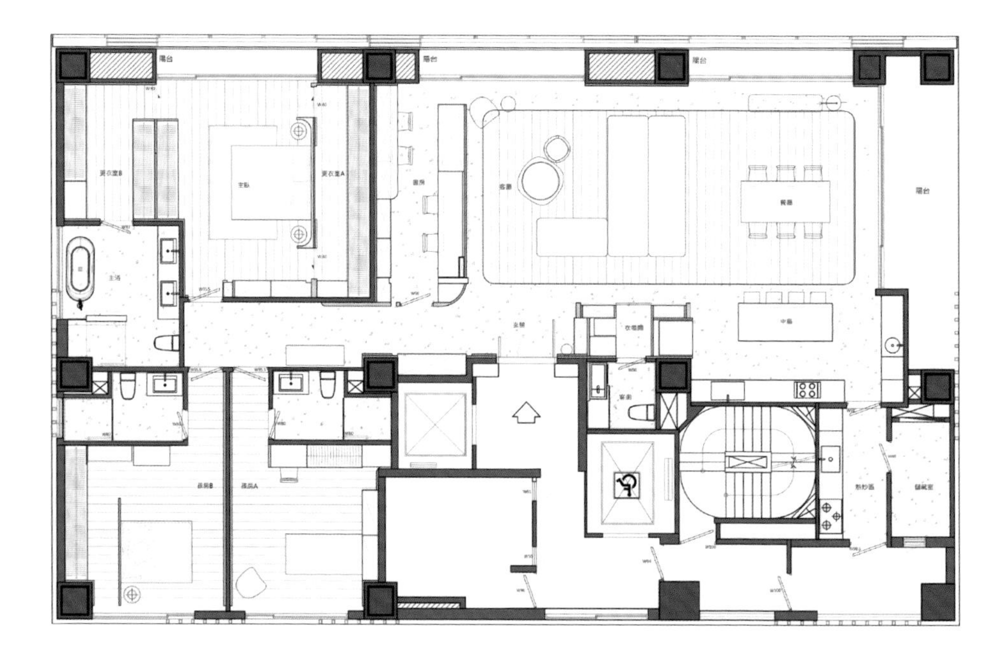
陽台
陽台
陽台
更衣室B
主臥
更衣室A
書房
客廳
餐廳
陽台
主浴
玄關
衣帽間
中島
客衛
孫房B
孫房A
熱炒區
儲藏室

Wholeness

保有獨立又交融的空間結構

動線是生活習性的呈現。男屋主的書房看似私密，但隔間不做到頂且牆面有分割，在隱密狀況下與家人的交流沒有停止，客廳則以人字拼木地板勾勒空間界定，與廚房相連但又有隱晦界線，空間在全開放的狀態下，還是保有獨立表情。

生活在美感之中的建築物

○ —— ●●

森美館 | 公共空間 | 588.43 ㎡（約 178 坪） | 2023

森美館不僅僅是一個建築，更是一種融合自然、藝術與建築的美學體驗。建築的外觀以木紋清水模爲主，質樸且具現代感的材質從戶外自然延伸至室內，將內外空間無縫銜接，讓整體設計達到內外相融的效果。這種連續性的設計語彙，打破了傳統裝飾手法，讓室內設計不再是簡單的裝飾層，而是與建築本身相互交融、相得益彰。

大廳的設計更是體現了這一理念。弧形的牆面巧妙地界定了動線，讓空間自然流動，同時挑高的空間設計使整體顯得寬敞。天花板則選用鏡面材質，反射著光影與材質間的互動。牆面大部分保持建築原始木紋清水模紋理，如同美術館一般，讓每一個造型元素都被精心襯托。無論是大廳中的家具擺設，還是牆面上的材質選擇，展現精緻與純粹的和諧感。

Thickness

脫開的設計手法，創造空間的共融

「森美館」的公共設施設計，室內物件與空間的關係從建築規劃階段便開始考量，確保室內外設計能連結並達到和諧統一的效果。以木紋清水模作爲核心元素，將其從建築外觀自然延伸至室內，形體看似脫開，實則建立起一種統一的設計語彙。這樣的手法，打破了傳統空間內外的分割感，使得室內外彼此交融，產生新的視線關係。

在空間的細節處理上，形體的獨立性被強調。每一個區域都擁有自成一體的結構，但彼此之間通過材質與光線的設計巧妙聯繫。原木色作爲室內的主材，帶來溫潤的質感，與灰色木紋清水模形成冷暖對比，而玻璃帷幕引入的自然光線，打開了空間的視覺邊界，讓光影在每個角落中流動，創造出一種輕盈且自由的氛圍。

這樣的設計不僅提升了空間的美學價值，也重新構築人與空間互動模式，讓住戶在每個角度都能感受到自然與建築間的流動與連結，實現了空間、形體與視線關係的全新平衡。

Segement

分割手法化解大面積建材的笨重

空間的配置和裝飾，決定了日後的姿態，所以設計時，希望未來這個空間呈現的是一個能讓人在此處感到舒服的公共空間，除了創造場域的舒適，設計手法上，天花板與壁面上的分割線隨處可見，這些細節不僅豐富空間的語彙，還在視覺創造出層次感。例如，斜面分割的天花板的巧妙地將最低點遮蔽隱藏鋁框上緣骨料，讓整體空間顯得更爲俐落也更能將視線控制在我們設定的景觀高度中。在洽談區，分割壁面的設計打破了大面積牆面的厚重感，讓空間顯得輕盈許多，提升了視覺的通透性。

走道上的石材拼接同運用了不規則的分割線，這些大小不一的線條，使石材表情更加生動有趣。這些設計不僅在視覺上帶來了輕盈感，部分的脫開穿透讓走道的壓迫感降低，強調了材料的特性與其在空間中的獨特作用，讓整體設計兼具功能性與美感。

Contrast

建材的對比，帶來平衡視覺

設計巧妙運用了材料與色彩的對比性，創造出充滿張力且和諧共存的空間氛圍。空間內，溫暖的木色與冷冽的淺灰色材質相互交織，構成了強烈的視覺衝突感。這種衝突感不僅沒有破壞空間的美感，反而使之更具層次。木頭的溫潤自然和灰色材質的冷靜現代感形成了鮮明的對比，無論是壁面還是桌面，這種一深一淺、冷暖交纏的搭配，讓空間的對比性油然而生。

在這樣的對比中，空間的亮點被巧妙凸顯，而弱化的部分則爲視覺焦點騰出更多的空間。鐵板等工業風材質以其冷冽的質感成爲背景，與溫暖的木材相互輝映，而淺灰色調柔和了兩者之間的過渡，達到了平衡。天然採光從玻璃罩傾灑而下，讓木材的暖色在光線中顯得更加柔和，而灰色與鐵板則在陰影中顯出沉穩與力量感。

Wholeness

化繁為簡維持空間整體性

爲了強化整體感，設計師選擇簡單的建材，並通過其反覆運用來維持視覺上的簡潔。無論是天、地、壁，都選用了相同或類似的材質，讓空間中的每一個角落都彷彿被同一個設計語言包覆著。這種設計手法，不僅提升了空間的整體性，也帶來了強烈的包圍感，使人感到被空間所擁抱。在視覺層次的表現上，並未依賴複雜裝飾，而是通過材料的交疊與色澤的變化來堆疊出層次感。相同材質在不同的色調和光線下，展現出不同的質感與深度。這種精緻的整體性設計，不僅使空間視覺效果統一，還讓居住者感受到簡約中蘊含的深厚美感與舒適。

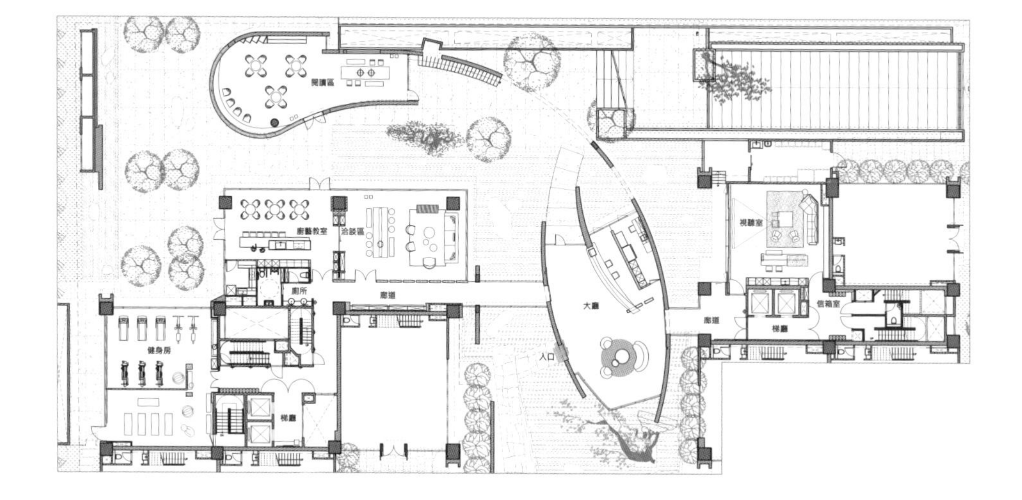
閱讀區
廚藝教室
洽談區
廁所
廊道
健身房
梯廳
大廳
入口
視聽室
信箱室
廊道
梯廳

Features

發散性動線規劃，促進住戶交流

公設區域共分爲四個部分，包含接待大廳、兩棟住戶大樓的一樓設施，以及自成一區的閱讀區，設施涵蓋廚藝教室和健身房，兼具休閒與娛樂功能。整體設計以中間的接待大廳爲發散點，向四周延伸，將公共區域巧妙地融入兩棟人樓之間。這些設施不僅提供住戶便利的日常使用空間，還爲住戶之間創造了小型社交的場域，讓居民在享受生活之餘，能夠自然地交流互動，營造出社區的和諧氛圍。

雕塑般的公共空間，
藝術與生活的完美交融

○ —— ●●

深 Casa ｜ 住宅空間 ｜ 588.43 ㎡（約 178 坪）｜ 2024

家，是人們在忙碌一天之後，身心靈得以歸屬的地方，而建案的公共設施則承載著家與外在世界之間的過渡角色。在深 Casa 這個建案的公共設施空間中，設計師以雕塑爲靈感，將建築空間視爲一件正在進行的雕塑作品，透過挖掘的方式，賦予空間新的樣貌和意義。這樣的設計理念不僅賦予空間豐富視覺層次，也讓使用者在進入這個空間時，感受到強烈的藝術氛圍。

一樓大廳的設計便體現了這樣的概念。大廳包含多條社區管線的轉管，使得天花板呈現出高高低低的層次變化，利用這樣的結構特性，將天花板做出不同的層次，賦予空間更爲立體的視覺效果。大廳視覺焦點是一座高大的紅洞石，其鮮豔活潑的石材顏色爲冷靜的大廳空間注入了活力和戲劇感，形成強烈的視覺對比，使人一踏入便感受到大廳的獨特氛圍。

在天花板的設計上，以雕塑方式挖鑿出拱洞造型，透過光線引入，勾勒光影變化，讓石材和光線在空間中產生對話，進一步提升空間張力。這樣的設計不僅美化大廳，也創造一種層次感，讓人彷彿置身於一座藝術展覽館，感受到空間的細膩與深度。

Segment

巧妙分割，獨立與連結兼具的理想設計

爲了強調空間的秩序與流動感，在空間中運用分割的手法。牆面上的分割與穿透使各空間之間產生互動，像是大廳內牆面，以三種不同石材進行設計，透過不同大小的拼貼，亮面與霧面的質感交替，營造出若隱若現的透視效果。這樣的設計不僅讓各個公共設施空間在功能上保持獨立，還製造視覺上連續性的渠道，各空間在獨立中又相互銜接。透過巧妙材料運用和空間設計，使住戶在使用公共設施時，能夠享受充足的私密性，同時也感受到空間與外界之間的對話與連結。這樣的設計兼具自在與隱密，讓人不僅能享受豐富的視覺效果，更能感受舒適無壓的空間氛圍，營造符合現代人需求的理想公共空間。

Features

鏡面與分割，塑造完整且富層次的美學

公共設施區域運用大量拖開的分割手法，搭配鏡面設計，使空間形體更加完整而富有層次。以大廳的紅洞石爲例，這塊石材因其飽滿的顏色與質感，散發出強烈的視覺吸引力，成爲空間的主視覺焦點。在靠近天花板上方的區域，於左右壁面與紅洞石之間的縫隙中巧妙地加入鏡面元素。鏡面反射的效果不僅延展視覺的空間深度，還使整體形體更加完整，營造空間連續性。透過鏡面銜接的作用，紅洞石牆面在視覺上顯得獨立而厚實，彷彿懸浮在空間之中，增添豐富視覺效果與張力。這種設計使得空間在擁有私密性的同時，又充滿藝術感與空間感，爲社區住戶帶來獨特的美學享受。

Style

雕塑手法創造層次，紅洞石成空間焦點

在這個建案中，空間被視爲一件雕塑作品，以藝術創作的手法來進行設計和塑造。不斷挖鑿的設計手法賦予空間豐富層次感，彷彿藝術家雕刻出一件作品般，將各區域打造出獨特的形態與美感。在這些挖出的巨大洞孔中，置入一塊聳立的紅洞石，這塊紅洞石以其鮮明的顏色和飽滿的質感成爲空間的視覺焦點，仿佛是一個有機體在空間中呼吸與成長。這不僅是一種純粹的設計呈現，也是一種因地制宜的策略，順應建案本身空間特質。以場域爲基礎，結合雕塑般的表現手法，賦予空間最好的狀態，使每個角落都散發出藝術的氛圍。最終，這樣的設計不僅讓空間具備藝術性和功能性，還增添沉靜豐富的空間表現。

Wholeness

光影交錯營造溫潤，提升公區舒適體驗

光，是這個空間中的重要主角，通過光源的巧妙規劃與設計，住戶在每天往返公共區域時，能夠感受到空間的獨特氛圍。為了突顯出空間的雕塑性質，公共設施區域內運用雕塑概念包覆高低錯落的天花板，藉此勾勒出豐富的層次感。而這些層次之間需要介面來自然銜接，選擇了間接光源和薄膜鋪陳，營造出柔和而溫潤的光線效果。這些光源隨著天花板的高低變化而產生不同的陰影，將光線細緻地投射在各個角落，讓整體空間在柔和的光線下更顯溫暖。這樣的光線運用不僅增強空間立體感，也讓每個過渡空間更顯流暢，為住戶提供了一個舒適的視覺與情感體驗。光線與空間的互動讓人感到柔和而自在，成為一個充滿親切感的日常生活場域。

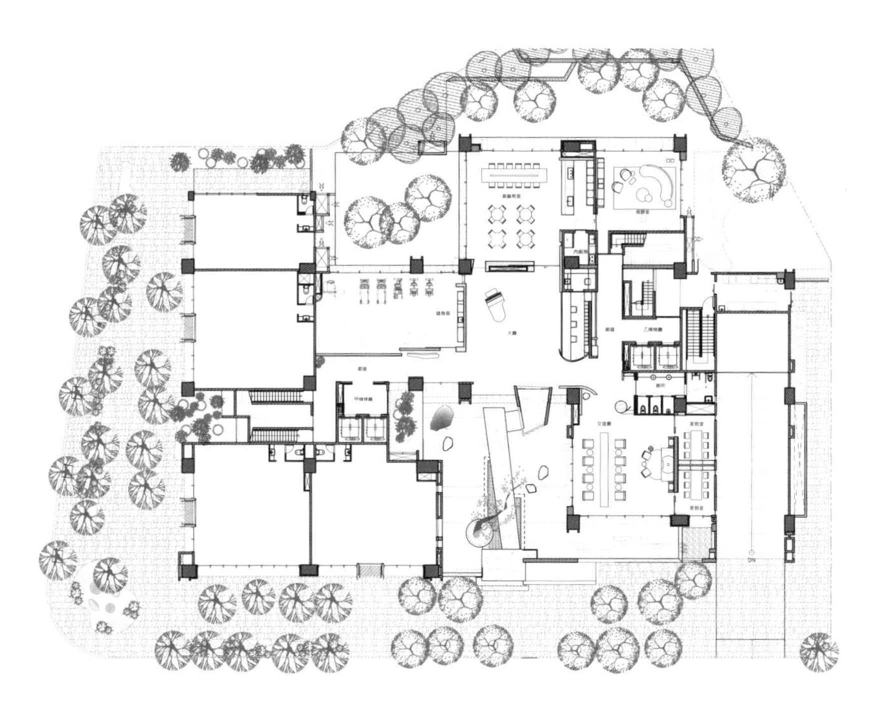

Segment

分割設計，營造人與空間的巧妙互動

藉由分割手法，讓公設空間在人流遊走時，營造看與被看之間的巧妙關係，製造人與人的微妙有趣互動。動線上以巨大紅洞石所在的大廳爲中心，向四周分散，宛如空間內的裝置藝術，延伸出去各個空間，都有規劃鏤空的延伸視野，讓整體空間視野上交融和諧。

走入都市裡的靜謐之地，隱密安靜的醫美診所

璞之妍醫美診所 ｜ 商業空間 ｜ 144.46 ㎡（約 43.7 坪）｜ 2023

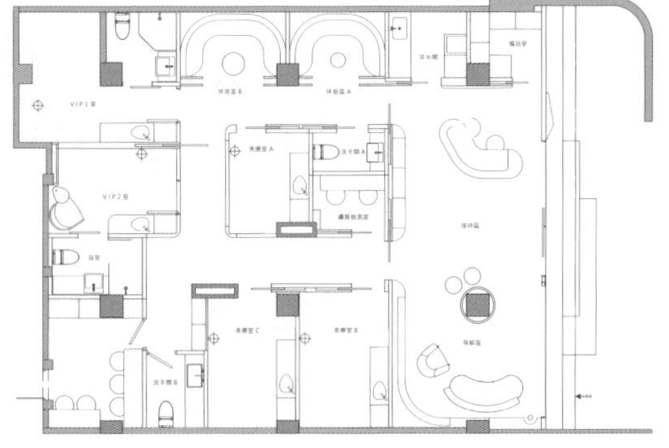

VIP1室
VIP2室
美療室A
洗手間A
美療室C
美療室B
洗手間B

Expression

五感是空間最重要的表情

生命的每一天，我們都在感受著五感，從氣味、光線、顏色、聲音到觸感，構築著生命日日夜夜的感受。承接璞之妍醫美診所這個案子的時候，業主客戶以女性爲主，來到診所內做醫美項目，需要放鬆舒適的環境，引導著客人在舒服的情境內接受診療。身心感到安靜。業主很用心挑選了有院子的空間，庭園是專門造景公司負責，做設計時同時和造景公司溝通，將室外景觀延伸入內，等待區有著光線和綠意堆疊。室內空間考量使用需求，以環繞式動線創造有趣的走動空間，盡量簡化建材種類，簡單材料愈能釋放空間無壓感，藉由溫暖壁面顏色提升溫潤，當室內外藉由陽光綠意互動，空間也會顯得寬闊起來。

俯視角度拍的接待區，看起來舒適溫暖，讓人放鬆。

放開空間的自由，靜謐安詳

空間是一個載體，承接著人類遊走的痕跡。當載體成爲一個有趣的場域，人們在空間內的感受也會煥然一新。診所一般予人的感覺是專業跟嚴肅感，在這個空間藉由設計規劃成爲高端空間設計，提供給客人舒服放鬆的環境兼顧隱私感，從接待區、諮詢室到診療區，空間的佈局和動線劃分決定使用者整體感受。

璞之妍醫美診所脫開傳統診所印象，營造一處溫暖空間迎接客人，彷彿走入一間時尚咖啡館，因此業主挑選了一處有院子的空間，從入口處的庭園，與馬路之間有了緩衝的場域切割，客人先走過一片綠意，盆栽的姿態延伸入內，是設計師和景觀設計師合作。室外植栽的另一端在室內，以透明玻璃做分界，左右兩頭的植物藉由玻璃的穿透感展延到空間裡，室內外互動也放大了空間。

弧狀天花板同時也舒緩了空間壓力，圓弧的柔和貫穿室內，像一曲圓舞曲般演奏著和諧氛圍，輔以溫柔的光影，地燈的幽暗緩緩映照著走道，客人遊走時也能感受到一股溫暖。

有著綠意和光線伴隨，室內空間溫暖柔和，優雅的醫美診所讓客人有了優質的診療環境，帶來美好五感體驗。

弧狀天花板，爲空間增添柔和氣息。

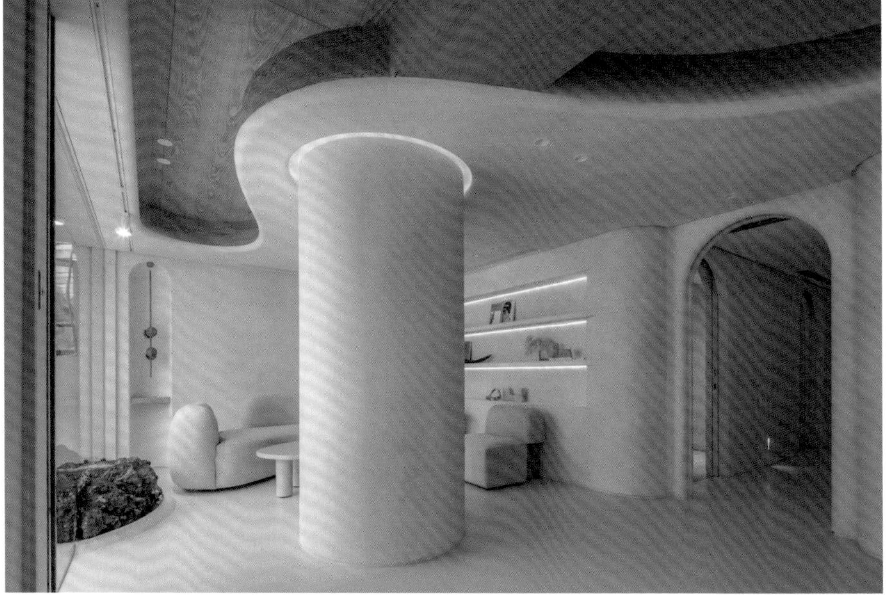

Weight

淺色帶來空間的輕盈

空間的重量感，在於建材本身的姿態。重量可以輕也可以重，取決空間想呈現的模樣。璞之妍醫美診所，以一種輕盈中兼具重量的質感迎接客戶，形塑無壓力診療空間。室內建材種類簡單，只使用了 3 ～ 4 種建材和色彩，淺色塗料鋪陳壁面，地面延續米白色系，天花板改以溫暖的木色涵蓋室內，加上輕盈淺色中穿插的深色系，帶來穩重感。

Texture

光線，動線成就空間質感

空間的質感，在於它不僅僅只是載體，而是與週邊環境相容，與自然互動的媒介，架構在內的每一樣建材，每一道光線，都是一種空間符號。揉入氣味、光線、綠意、香氛，不只滿足五感體驗，更是空間質感的呈現。從一開始院子的綠意景觀爲引導入內，漸緩燈光鋪陳室內，展演出光影交錯的變化，摻入圓弧造型的天花板，妥善安排的格局和動線，是空間展現的層次變化，一層又一層堆疊出質感的脈絡。

Dimension

打開空間的向度，開啟視覺體驗

空間有四個向度，長度，寬度，深度，高度，空間的組合就是四個向度的交疊。在空間中，希望營造一種有趣的氛圍，於是動線上以環繞式爲規劃，當走動的空間可以不斷環繞延續，也會讓空間感有一種變大的感覺，無形中延展了空間的深度，再藉由昏黃的光線，壓低空間重量，弧狀造型諮詢室，建構一種包覆強烈的洞穴感，模糊高度跟寬度。

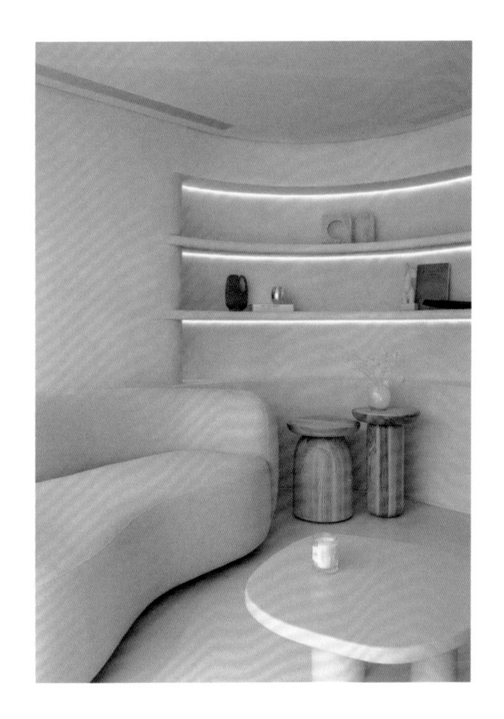

科幻感十足的輕食小酌空間

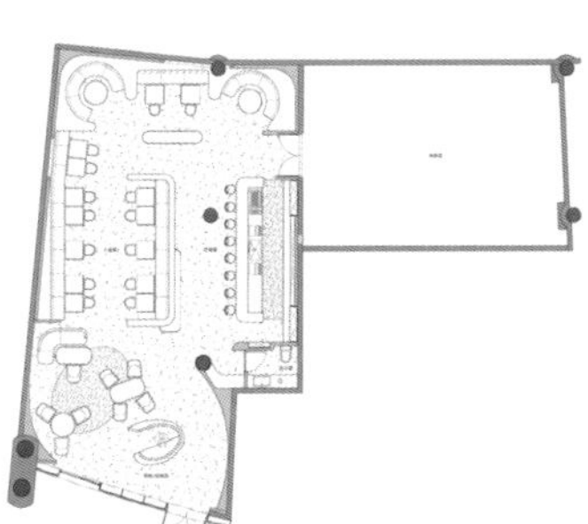

Lit Lit ｜ 商業空間 ｜ 177.19 ㎡（約 53.6 坪）｜ 2024

Form

如水一般流動的天花板

透過流動的水元素來象徵空間的動態與自由，空間中的每一個角落刻意避開直角設計，以弧線和曲面展現自然流暢感，彷彿流水在空間自由穿行，讓人感受到不受拘束的輕盈與柔和。水的流動性在這裡被賦予了象徵性，代表靈活性與生命力。牆面、家具，尤其是小麥色天花板，追求一種沒有尖銳角度的柔和過渡，讓人在這個空間中感受到如流水般的平滑與舒適。這樣的設計不僅提升了視覺上的舒適感，也讓空間氛圍更具包容性和延展性。

寬敞舒適的用餐環境。

白天與夜晚，燈光切換不同面貌

這是一間位於台北大巨蛋的餐廳，將質感與多功能性完美融合，呈現白天與夜晚不同氛圍的空間。白天餐廳主打輕食與簡餐，提供明亮舒適用餐環境。透過精心安排的燈光，自然光與人工照明相輔相成，營造輕盈且愉悅氛圍，客人在享用輕食的同時，感受到明朗空間感。

到了夜晚，餐廳搖身一變成爲一個充滿魅力的酒吧，燈光經過巧妙調整，逐漸轉爲柔和低調暖色調，營造放鬆夜晚氛圍。每個區域的燈光設計經過仔細規劃，從吧台到座位區，每個角落都有專屬光線語言，提升空間層次感，整體氛圍更具有豐富。

天花板的高度盡可能拉高，創造寬敞開闊的視覺效果，讓空間不僅具備設計感，還有充分舒適度。餐廳牆面設置大型電視牆，可以播放影片還能在運動盛事時成爲轉播中心，吸引民衆前來觀賽。這樣的設計使餐廳在不同時段、不同功能間可切換不同表情，無論是日間輕食空間，還是夜晚時尚酒吧，都讓顧客享受到獨特的氛圍體驗。

多功能性滿足不同客群的需求，精心設計和細節把控，塑造具備向度感且極具質感的多元化場域，無論白天或夜晚，都能帶來難忘的用餐與休閒體驗。

天花板的色澤發想來自啤酒原料的小麥。

Dimension

挖洞感創造視覺新視角

天花板的設計特別引人注目，以「挖洞」的概念呈現出一種輕盈而穿透的向度效果。洞口之間透出風土的大地色彩，爲空間增添自然元素。賦予科幻感，也呼應了夜晚賣酒、白天小酌的多功能性。白天空間內的光線通透，可以在輕鬆愉悅的氛圍中享受美食，甚至小酌一杯啤酒。到了夜晚燈光轉變，餐廳化身爲一個充滿未來感的酒吧，天花板的穿透設計像是開啟了一個通往另一個世界的門，讓人置身其中，感受科技與自然的微妙平衡。

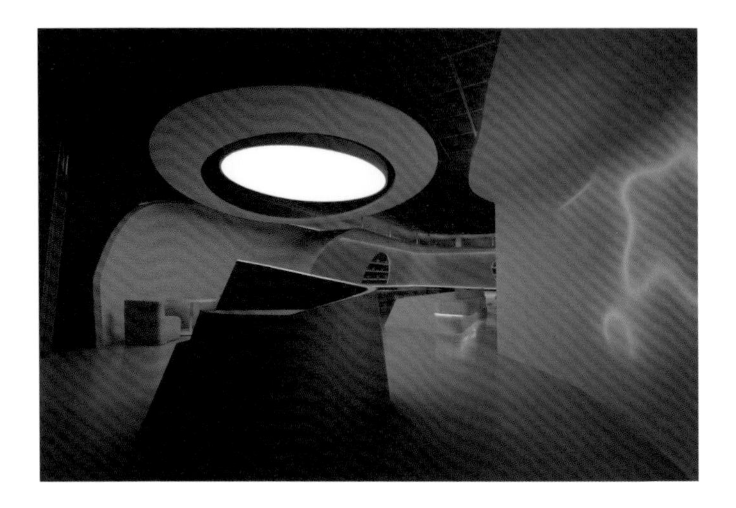

Texture

無壓力氛圍創造輕鬆質感

喝酒是一件輕鬆的事，正是這個空間所希望傳遞的質感與氛圍。以寬敞的佈局和輕鬆無壓力場域，打造讓人能夠自在放鬆的空間。每個角落都充滿趣味與驚喜，尤其是空間的設計帶有一絲科幻感，彷佛將顧客帶入一個充滿未來感的世界。天花板的設計以大膽的穿透性結構爲主，光線自由流動。這樣的設計不僅有趣，更讓整個空間充滿動感與層次感。寬廣的空間格局，無論是與朋友聚會還是獨自小酌，都能讓人感受到無拘無束的自由。

Temperature

大地色天花板帶來視覺溫暖

透過採光與材質選擇，營造出溫暖氛圍空間。白天，明亮的自然光灑入，搭配輕食與小酌啤酒，讓人放鬆地享受生活。而夜晚燈光調暗，空間帶出一絲科幻感，彷彿進入另一個世界。天花板的設計靈感來自大地之母－土壤的顏色，與室內的柔和色調相得益彰。無論是白天的輕盈自在，還是夜晚的神秘氛圍，這裡都能提供一個完美的聚會與放鬆空間。

舞台效果呈現產品質感，構築品牌形象

○ —— ●●

LEICHT 展間 ｜ 商業空間 ｜ 274.38 ㎡（約 83 坪） ｜ 2023

LEICHT

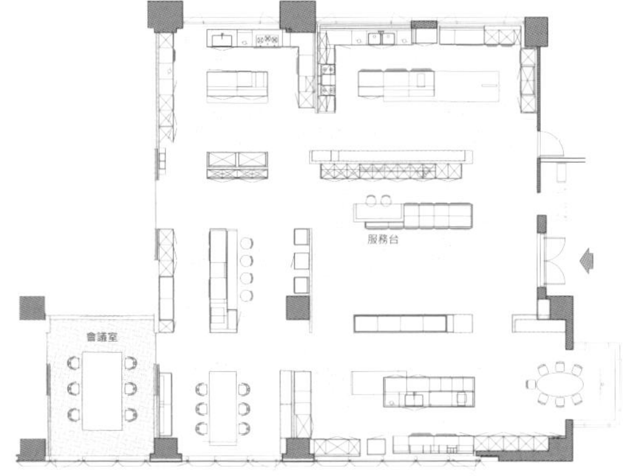
服務台
會議室

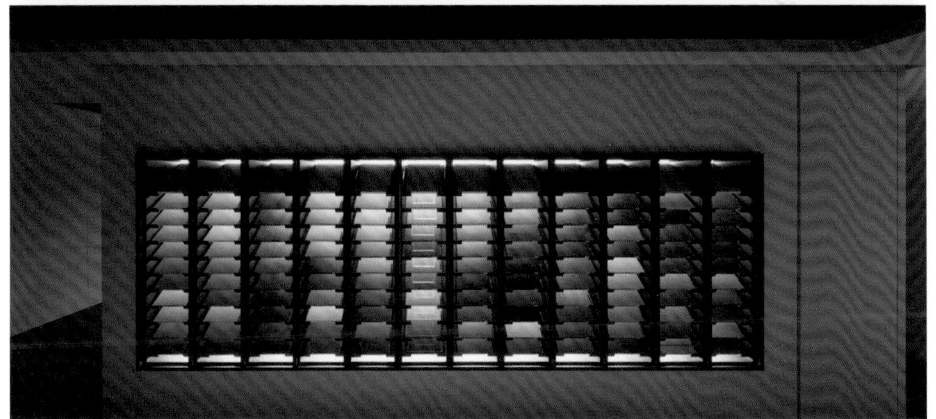

Expression

Spotlight 巧妙佈局，重點凸顯產品

服務是一種品牌品質的延伸與呈現，弘第展間以此爲理念，將廚具不僅作爲產品，更是如精品般展示的藝術品。當客戶踏入展間，入口處設計爲一個專屬的等待區，燈光經過巧妙調暗處理，讓人一進門便感受到專屬的精緻氛圍。展間內，每一區域皆爲獨立展示空間，透過各自獨特的燈光與擺設，凸顯出廚具的功能性與美學。這些設計不僅滿足實用性需求，也賦予了觀賞享受。在形隨機能的設計框架下，空間每一處都能感受到設計的精準與細膩，無論是功能還是美感，展現高品質廚具的價值與品牌形象。

明亮的光源，凸顯實木質感和石材溫潤。

燈光賦予空間深邃質感

服務不僅僅是一種附加價值，更是品牌的核心體現。弘第展間深刻理解這一點，將每件廚具產品定位爲主角，以展示品的形式呈現，精緻而不過分張揚。Showroom 刻意避免過於花俏的設計風格，讓空間焦點回到展示品本身。整體空間佈局簡潔明快，每一區域的燈光設計都經過精心調整，營造出明暗交錯的光影層次感，突出產品質感與細節。

入口處的設計非常巧妙，爲客戶創造了一個舒適的等待區。光線調暗的處理不僅讓空間顯出層次，也能讓客戶進入展間時心情放鬆，隨後過渡到明亮區域時，自然而然地被廚具展示品所吸引。展間內每一區域的廚具各有特色，有的以金屬材質爲主，俐落時尚；有些搭配原木與石材，雕塑溫潤質地。每一個區域不僅是一個展示平台，更是一個可以讓顧客感受產品功能與美學價值的場域。

燈光的設計不僅強調產品的特性，也爲展間空間賦予深度。明亮光線凸顯廚具的精細工藝和質感，而較暗的燈光區域營造出精品氛圍，映照在不同材質取向的廚具上，有助提升品牌價值。在這樣一個充滿層次感的展示空間中，廚具不再僅僅是實用工具，而是結合了功能性與美學的藝術品。

昏黃光線緩緩而下，打出金屬廚具的溫暖氣息。

Dimension

黑色天花板拉高，延展空間深

弘第展間的設計核心在於創造一個富有深度的空間，賦予展示產品更深層次的價值。爲了保持展間的新鮮感和吸引力，展間每隔一段時間便會重新裝修，這樣的安排不僅讓空間呈現不同的視角，也讓消費者在每次進入時都能發現新的驚喜。黑色天花板被巧妙地拉高，猶如一張隱形的布幕，這一設計不僅爲空間拉開了序幕，更引導消費者在燈光的指引下，隨著光影的變化在展間內探索產品。燈光的運用加強了產品的質感與獨特性，讓顧客在遊走中感受到產品的價值與品牌理念。

Expression

用動線創造空間的表情

空間的表情來自場域內的動線規劃、燈光設計、材質展現。展間內的數套廚具，各有其特色和建材使用習慣。有的時尚簡練，有的溫暖大方，以光線作為引導，走道空間刻意拉暗，讓照明集中在廚具身上，也讓每一套廚具都像是一個展演舞台，光線就是舞台間的引路者，循著光線而遊走，穿梭在其中，客戶像是走入策展空間，逐一欣賞每一件作品。

Temperature

溫度能活化空間產品展示

分割天花板宛如舞台布幕，將廚具襯托成爲空間中的焦點展示品。作爲居家空間內不可或缺的主角，廚具不僅是實用的工具，更是生活品味的象徵。材質的選擇決定了整個空間樣貌，無論是冷冽金屬，還是溫潤木材，都影響著空間的氣質。然而，溫暖依然是住所的核心元素。燈光的巧妙設計還有材質間細膩搭配，都讓這個空間在展示廚具的同時，保留居家應有溫馨感受，不僅能感受設計之美，更能感受到家的溫暖與歸屬感。

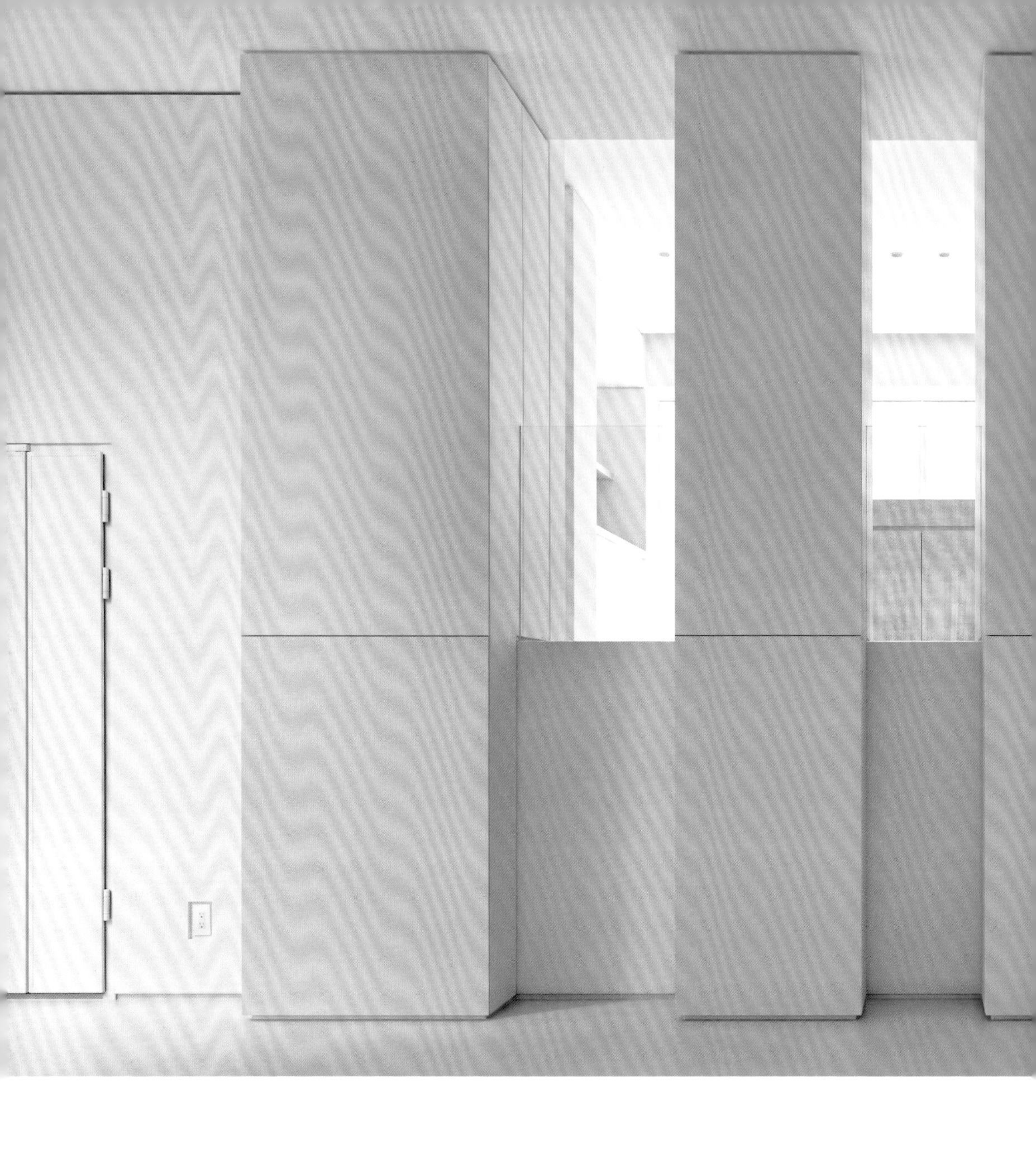

回到最純粹的居家空間

○ —— ●●

T 宅 ｜ 住家空間 ｜ 287.60 ㎡（約 87 坪）｜ 2024

Expression

拿掉材質的表情，回歸返璞歸真的面容

家就像是一個容器，裝載日常生活與記憶，通常住家會在裝潢上融入不同材質來創造獨特氛圍，像是木材帶來溫暖質感，或金屬散發冷冽現代感。然而在這個案子中，選擇反其道而行，以「拿掉材質的表情」作爲設計核心，創造返璞歸眞的純粹空間。使用最樸素的材質，減少過多裝飾，空間呈現簡單純淨的面貌，同時強調自然光運用，光線成爲空間最佳點綴，柔和地灑落在居住的每個角落，隨著日夜更迭，光影變化也讓空間有了生動律動感。

光線在空間內自然流動，就是最溫柔的表情。

光影交織的減壓空間，簡約中保有生活機能

每位屋主都是獨一無二的個體，擁有各自的生活習慣與偏好。設計師的工作，正是將這些需求與想法轉化爲符合居住者期待的空間樣貌。此案的屋主從事醫療產業，工作壓力大，特別希望家中能以淺色調爲主，營造出輕鬆舒適的生活氛圍。這間住宅爲三層樓的錯落格局，擁有充足的自然採光。將材質種類降到最低，視覺回歸純粹，以最簡約的方式去搭配，避免材質過度的突出和強烈對比。

在材質選擇上，以淺色系爲主調，打造舒壓效果，並選擇非單純的白色，而是透過不同的白色色調來營造層次。這些色系經過細心挑選，透過塗料的手刷技術，使牆面帶有手感溫度，讓空間不僅僅是冷靜的白色，還具有細膩質感。此外，利用建築本身良好的自然採光優勢，在拿掉材質的表情後，自然光成爲空間的視覺焦點。日光的變化帶來陰影交錯，光影的變化賦予空間生動的氣息，使每一處都能感受到陽光帶來的溫暖。在設計細節上，刻意在牆面和天花板交界處進行脫溝處理，這不僅分界了空間的邊界，也爲光影的明暗變化創造更多的層次、進而增強空間的立體感，光影效果更加細緻，即便是簡約的空間也不顯得單調。

看似全白，其實富含白的層次鋪陳。

Weight

建材，家具，色彩，決定空間的重量感

空間的設計不僅僅是視覺上的美感，更強調「重量」的存在感。每一種建材、顏色的選擇都在不知不覺中形塑空間重量感，進而影響居住者的情緒和感受。三樓是屋主的工作室，天花板的光源採用光膜，光線分布均勻柔和，營造輕盈的氛圍。浴室內沿用原有玻璃磚設計，自然光得以滲透進來，增添明亮通透的感受。室內的家具選擇上，特意挑選有腳的傢飾，讓家具似乎浮在空間中，進一步強化輕盈的視覺效果。當整體空間以素雅的風格呈現時，拋開繁複裝飾，留下的只有「自己與空間」對話，得以回歸內心的平靜。

Texture

米白層次交融，細微間展現質感

空間設計上極具巧思，色系看似全白，細看便能發現米色與白色的微妙交融。這種微妙的色差並非隨意而爲，而是爲了在設計上營造一種秩序感。如果整個空間使用完全相同的顏色，反而難以呈現層次與結構的清晰感，而通過色彩的細微變化，空間才能夠顯現出層次感與有序質感。正是這種巧妙的區分，讓空間不僅僅是平面的，而是富有深度的，並且在視覺上營造細膩感受。視覺的豐富性與質感，往往就在這些細微色調變化中自然呈現。

Temperature

簡約材質與色系交織，帶出溫潤層次感

這個案子在建材選擇上採取簡約的策略，以塗料、木頭和金屬爲主，色彩控制在米色和白色的和諧交織之中。透過採光的引入，賦予素淨空間一種溫暖的深度。大量使用塗料，是爲了在手刷時呈現細膩的手作溫度，使空間雖然素色卻富有層次感和細節。整體色系在一樓維持一致，米色與白色相互穿插，營造純粹的美感。而在樓梯銜接至二樓時，逐漸鋪設木地板，引入木材的溫潤質感，使空間在垂直延伸中展現出自然的過渡，帶來視覺與觸感的雙重柔和。

Chapter

Future goals: Dialogue with business peers.

跨越走向未來：與學界 / 異業的對話

3

工一設計的三位創辦人與學界及異業人士展開對話，討論多個當前最具挑戰性的議題，包括 AI 技術的應用、ESG 與缺工問題，以及設計師如何面對二代接班所帶來的設計挑戰。透過不同領域的視角，超越自身框架，拓展思維的界限，並在不斷的交流中，創造出跨越設計本身的深遠關係。

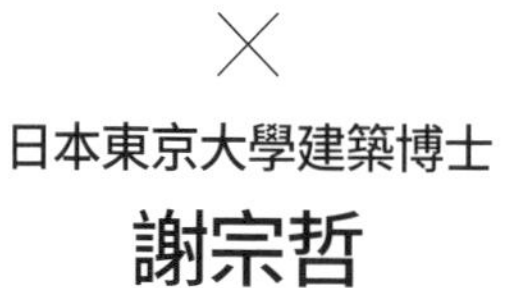

張豐祥

×

日本東京大學建築博士

謝宗哲

AI時代到來，
空間設計的未來

AI 風潮席捲全世界，人們開始會用 AI 來製圖、翻譯。當 AI 愈來愈進步，設計師在使用 AI 的過程中，該如何讓自己保有競爭力，不被取代，也是我們在思考的問題，很高興能跟謝宗哲老師一起聊聊這個議題。

張豐祥（以下簡稱阿祥）—— AI 製圖是個趨勢，我自己也會用來輔助設計，對空間設計多少是有影響性的，老師如何看待這個轉變？

謝宗哲（以下簡稱謝老師）—— AI 的確改變了空間設計，尤其是它非線性的特質帶來了全新的思維模式。傳統的建築設計多半是線性思考，從概念到圖紙再到施工，一步步按部就班。而現在，數位設計和 AI 技術讓我們可以跳脫這種線性的框架，擁抱更多的可能性。就像法國新浪潮電影，沒有清晰的敍述結構，而是通過各種分散的元素拼接出一種獨特的美感。很多厲害的設計師會在一開始把思維打散，不被既有的框架限制，進而找到最適合的創意。這種自由度在數位時代是非常重要的，因爲它讓設計師可以更靈活地應對各種需求。

設計的非線性特質，不僅僅是創意的表現，也讓設計過程變得更加多樣化。我們從過去必須按部就班地完成每一個設計階段，到現在可以利用 AI 同時處理多個設計構想，這極大地縮短了時間成本。對於我來說，AI 就像是靈感的催化劑，可以讓我們在短時間內嘗試不同的設計方向，然後再根據需要挑選最符合需求的方案。這是一種全新的工作方式，徹底改變了我們傳統的設計流程。

阿祥 —— AI 提出的想法，只是一個參考，但未必提出的東西是人類眞正需要的，重點是設計師本身對空間的想法是什麼。

謝老師 —— 目前這個階段，我們所提出的答案或許是有效的，但這種有效性可能具有一定的期限。原因在於，當前人工智慧（AI）的發展速度極爲迅猛。今年被視爲「AI 元年」，但事實上，這個概念的興起已持續了一段時間。AI 的進化速度之快，令人難以預測其未來的樣貌，它或許會演變成我們難以想像的形態，甚至可能成爲一種全新的存在形式。

目前的 AI 尚未完全具備價值判斷、情感判斷及經驗判斷的能力，這些領域的資源相對不足。然而，隨著資料庫的充實和雲端大數據的擴展，未來某一天，AI 或許能夠達到我們今天難以想像的高度。在這種情況下，AI 不僅可能協助我們進行判斷，甚至可能替代部分人類的決策能力。

因此，我們需要思考的，不僅是如何在現階段面對 AI 的應用或回應不同需求，而是如何以更前瞻的視角看待人工智慧的未來發展趨勢。我們應該討論的是，AI 如何塑造人類未來的生活方式，以及不同群體對生活願景的需求，而非僅僅停留在單純的選擇層面。這樣的思考才能讓我們在快速變遷的時代中找到眞正的立足點和方向。

AI 為人類提供多元化思維概念

阿祥 —— 其實現在也蠻多人在討論，AI 到底會不會取代設計師的概念？不知道老師怎麼看這個議題？

謝老師 —— 未來的世界或許會逐漸扁平化，人們可能會在某些方面變得更機械化，這確實是一個趨勢。然而，我感到非常遺憾的是，我們在追求技術的同時，失去了很多寶貴的人性和眞實的體驗。有時候，我們太依賴 AI，失去了去親自體驗生活的機會，這不是得不償失嗎？

我相信，技術的發展速度超乎想像。就像以前的電腦開機需要很久，而現在我們只需一按就能立刻啟動，AI 的進步也是如此。在使用 GPT 進行翻譯時，我們看到它在生成文字，但有一天，它可能在我們完全無意識的情況下，就已經完成了生成，達到了一種無縫的眞實體驗。這樣的技術確實可以幫助我們更深入地理解對方的世界，建立更親密的溝通，而不僅僅止於工具式的翻譯功能。因此，我認爲 AI 的進步是不可避免的，如果它可以取代某些工作，那就讓它去取代吧。然而，我們作爲人類，有著非常寶貴的特質，這是 AI 無法觸及的。

我認爲 AI 的未來是走向扁平化的，它可以變得非常強大，甚至成爲像機器人一樣的存在，但它始終無法達到人類的層次。就像人類無法企及神的境界一樣，對於 AI 來說也是如此。AI 是被創造的，而我們是它的創造者，這使得我們對它始終有著主導的地位。我們與 AI 之間的關係，就如同神與我們的關係一般，這是一種創造者對被創造者的掌控。

AI 無法取代人類的情感與思維

阿祥 —— 我覺得 AI 可以給一些東西，但剩下的要靠自己去混合。因爲我查得到，別人也一定查到的，起跑線其實都一樣，只是看個人能力有沒有辦法凌駕 AI 上面，

再去創造更多東西，這個就會變成我們的價值。有一個很簡單的比喻，比如你想吃組合肉，還是要原本的牛排？原本的牛排可以帶給你更好的營養，就像設計師的價值是提供創造出很厲害的原汁原味，而不是組合肉，我覺得應該去形成一個相對純粹的設計創作狀態比較好。我覺得設計師的價值在於能夠提供「原創」的設計，這點是無法取代的。

當然，AI 可以幫助我們產生一些初步的概念，但設計中的情感與思維轉換是 AI 無法理解的。我記得有一次和客戶討論設計時，AI 生成了一些非常漂亮的空間概念，但在與客戶深入交流後，我們發現這些概念並不符合他們真正的需求，因爲缺少了一些人情味和對細節的理解。而這些細節，是人類設計師在和客戶交流中所能掌握到的，這正是我們的優勢所在。但有些人會擔心被取代，老師會擔心嗎？

謝老師 —— 說得好。其實很多人都有一種錯誤的擔憂，認爲 AI 會完全取代設計師的角色。我覺得並沒有那麼可怕。就像你在夜市和專櫃看到的東西可能看起來差不多，但消費者還是會因爲品牌、質感、或者單純的愛好去選擇專櫃的產品。這種對品牌和品質的執著是 AI 無法理解的，因爲 AI 是依據數據來生成選項，而人是非理性的。我們的思維是充滿情感和個性化的，每個人對同一事物的解讀都不同，這就是人類設計師的價值所在。

以夜市和專櫃爲例，有些人喜歡夜市的熱鬧和接地氣，但也有人喜歡專櫃商品。即便是 AI 再怎麼先進，它也無法完全理解這種偏好背後的情感因素。這也是爲什麼我總是強調設計師需要深入生活，理解人們的需求，而不是僅僅依賴技術。AI 的確可以幫助我們提高效率，但設計最核心的部分還是來自於人性化的關懷與體驗。

AI 顛覆傳統思維，提供人類靈活資訊分享

阿祥 —— 確實，我們可以將 AI 當作一種輔助工具。比方說，我的設計完成了 70%，剩下的 30% 是我無法用既定思維去填滿的，這時候 AI 可以提供一些啟發，幫我豐富作品的內容。但是，這並不意味著我可以把所有東西交給 AI。AI 提供的建議是否合理，還是需要設計師自己

去判斷和調整。這就像一場對話，我們接收 AI 提供的信息，並將其轉化成最適合的創作。

有時候 AI 生成的結果甚至可以挑戰思維，讓我們從不同角度看待設計問題。這是一個非常有趣的過程，好比說，我們在做一個空間規劃時，可能會有某種既定的設計習慣或偏好，而 AI 則可能提供一個完全不同的角度，讓我重新審視原來的設計想法。這種思維上的碰撞，往往能激發出更多有創意的設計。那麼，老師都是如何運用 AI ？

謝老師 —— 它是兩面刃。太過依賴會失去人類與生俱來的能力，因爲我是翻譯作家，以前翻譯很多日本建築書，我覺得最恐怖的就是使用 AI，像是打開潘朵拉盒子。以前要好好的去細細品讀，然後翻譯，用我自己的腦袋把它整理出來。現在可以先打字，然後馬上翻譯出來，而且文筆不會比你差喔！只是當初那個最純粹的過程，看完就是自己的閱讀，然後再把那個閱讀結果透過翻譯分享給別人的這件事情消失了。

經驗值的累積，輔助使用 AI 時保持判斷

阿祥 —— 我覺得其實是對你事情的理解。比如說剛才講的翻譯，你還是要深刻知道這個日本建築師本意，經過思考翻譯出來的東西，跟直接翻譯文本的東西，我覺得還是不一樣，設計也一樣，如果沒有長期去積累了解，你也很難做判斷，AI 給你的十個東西，我們都必須要嗎？設計師本身的經驗值很重要，才能把 AI 的輔助功能發揮出來，而不是讓它主導。

我認爲問題更多在於設計的實際操作層面，而不是 3D 模型等表面技術。特別是設計案的成本估算，我們需要對每一項成本進行逐一計算。這意味著設計師需要對圖面有非常清晰的理解，才能確保估價的邏輯準確。

很多人到這個階段就無法堅持下去，因爲這些繁瑣的細節讓人難以接受，但這恰恰是我們的核心價值所在。我認爲，設計的過程中，業主通常會在工程的中期才完全信任設計師，而這段時間內能否展現出專業水平至關重要。目前許多年輕設計師缺乏這樣的基本功，他們在將設計方案提交給業主後，面對業主的詢問卻往往無法給出明確的答案，這反映了他們對每個設計細節掌握不足，

對每一步的原因理解不夠透徹。

謝老師 —— 我們現在有一個說法，所謂的助理會失業，因爲沒有核心技能，只要你收集資料，如果速度太慢或者精準度不夠，那我會說因爲我現在用 AI 檢查，我覺得它眞的是我的助理，而且更恐怖，一個月才六百塊而已，這就是爲什麼我覺得它是夥伴，而不是工具。那設計師如何增強價值跟它對抗呢？就要成爲生活品味的領導者。設計師其實是創造生活的場域，業主需要什麼樣的生活跟空間，確實要靠設計師的生活經驗來架構，最好能走到全世界去看看各地的建築，讓自己眞實置身其中，而不是躲在電腦前看照片，必須要有更多眞實體驗。

強化本身專業，以專業凌駕 AI 技術

阿祥 —— 現在很多設計師會太依賴 AI 製圖，忽略了現場的重要性。AI 的參與可能改變我們對創意的理解，老師認爲設計師如何重新思考創作的價值跟意義？

謝老師 —— 我一直覺得設計師去參訪空間，是一種對自我視野跟格局的提升，相當重要。沒去看，沒去感受，就是紙上談兵。眞實的進入到空間場域體驗，會成爲日後設計非常重要的部分，能夠更理解跟確認空間要怎麼設計。越年輕可能越是失去所謂眞實性，譬如說我們到店裡來喝一碗牛肉湯，但年輕人可能叫 Uber Eats，他確實也喝到牛肉湯了，但他享受到的是便利，而不是當下眞實的感受。未來有可能年輕的世代都是在網路上認識這個世界，欠缺眞實感，我覺得這是比較大的危機。

阿祥 —— 我們的做法是同仁一進來會先要求培養基本能力，第二個就是工地，我覺得工地就是關於業主跟師傅的重要角色，這個東西沒有辦法被取代，因爲必須透視對空間的理解，然後去跟師傅和業主溝通。工地的經驗累積，是我覺得同仁另外一個重要核心價值，因爲你有了這個經驗，任何圖都可以做出判斷然後進行，最重要就是這樣的溝通能力。

謝老師 —— 如果我更有創造力，可以從 AI 生給我的模式中，我再去探索或甚至觸發更多的概念，你的原創就不會因此被淹沒。

王正行

×

成大建築系教授

劉舜仁

面對 ESG 及缺工浪潮，材質與工法的轉化

隨著社會逐漸重視環境永續發展，減塑成為全球趨勢，同時缺工浪潮也席捲製造業。設計師們面臨如何在材料有限、人力不足的情況下，維持設計美學與創造力的挑戰。很高興能與劉舜仁老師一起探討 ESG 時代的來臨，以及新建材和新工法對建築設計的影響。

王正行（以下簡稱小白）—— 材質和工法在設計創新中，確實扮演著非常重要的角色。這也是我近期愈來愈深的體悟，特別是在面對材料選擇的時候，我發現它們能夠改變我們對空間的理解和表達方式。老師對這個問題有什麼樣的看法呢？

劉舜仁（以下簡稱劉老師）—— 從建築教育的角度來看，材料、工法與製造一直以來和建築教育脫節。大部分建築課程的重點是建築設計，強調空間的組織、美學以及結構的創意設計。然而，這些訓練讓學生對工法和材料的理解有所缺失。我們偶爾會帶學生去參觀工地，從中了解材料和施工的過程，但這些機會非常有限，對工地實際操作的認識還是相當缺乏。

最近由於缺工和缺料的問題，建築界開始重新審視材料與製造的關係，尤其是模組化和預鑄工法的應用。這些方法有助於提高施工效率，也幫助我們更有效地利用現有資源，應對當前的挑戰。我認爲這些工法可以彌補過去建築教育中的空白，並推動建築設計朝向更多元和有效的方向發展。

從工地看到材料對設計的影響

小白 —— 我深有感觸，因爲我自己也經歷過類似的大學教育體系，然而，直到眞正踏入職場後，才慢慢認識到設計的核心來源，其實是「材料」。應該說，所有設計的出發點都與材料密不可分。我們常講材質，我認爲這兩個字代表的是「材爲使用，質爲感受」，是設計中最核心的部分。爲什麼設計要存在？爲什麼兩種材料的交接需要特別處理？例如「脫溝」；這是因爲當不同材料結合時，往往會面臨施工或使用上的問題，比如收邊、接縫等。材料的特性與限制，直接影響到我們如何設計。

舉個例子，當我們限制材料必須通過電梯搬運時，就需要考慮材料的尺寸。板材如果過長或過寬，就必須分割。這一限制引發了新的設計問題，而這些問題也爲設計帶來了可能性。換句話說，材料的限制本身催生了設計的必要性。如果材料沒有任何限制，那設計的需求幾乎可以忽略不計。

從材料的使用出發，我認爲設計的本質在於如何發揮材料的特性。材料如何支撐感受，如何與空間互動，這些都是設計需要解決的核心問題。在工一，我們特別重視材料的重要性，在設計中，我更傾向於以簡單的設計語彙來表達材料的美感，而不是過度裝飾。我喜歡將優質材料裁切得當，以適當的比例、恰當的方式呈現它應該出現的位置。例如，木皮出現在該有的地方，金屬則展現其輕薄或特定功能。至於工法，從根本上講，也是由材料本身延伸而來。我們的設計不斷探索如何適當分割材料，如何忠實於材料的本質，讓其發揮應有的價值與美感。

劉老師 —— 說得很好。尤其是室內設計中的材質，理論上是沒有邊界的。所有的設計，最終都要回到材料的本質，這是一切創作的基礎。我們如何將不同的材料巧妙地組合在一起，讓它們在室內空間中產生新的美學表現，就是設計師的重要責任。越來越多的設計師開始使用在地材料，而這些材料往往和當地的文化 DNA 密不可分。

地方材料的使用，不僅僅是環保的選擇，也是一種文化傳承的手段。設計師的創造力在這裡顯得尤爲重要，因爲需要將材料的本質與地方文化、工法相結合，創造出眞正能夠提升生活品質的環境。這樣的創造力才是當代設計中最有價值的部分，它能夠將地方元素融入設計，讓作品更具個性和故事性。

材質的結合，是設計的本質和來源

小白 —— 材質的創新也非常重要，尤其是面對當今快速變化的社會環境。老師對於材料創新的看法是什麼？我們該如何應對這些變化？

劉老師 —— 材料的創新確實是一個很重要的議題。好的設計師應該懂得如何靈活使用新材料，但我覺得，當今時代需要更多全新材料的出現。目前我們使用的很多材料，例如塑料和美耐板，都是上世紀隨著石油工業的發展而誕生的。而現在，隨著環境保護意識的提高和減塑的全球趨勢，這些材料逐漸退出我們的生活，因爲它們的生產和使用對環境造成了很大的壓力。

因此，材料的創新應該朝著環保和可持續發展的方向前進。當新材料被發明出來，它們將徹底顛覆我們原本的設計思路和施工方法。例如，新型材料將讓我們在施工過程中減少對環境的負擔，並促進材料的回收與再利用。我們需要對這些新材料保持開放和包容的態度，因爲這些創新不僅影響設計的外觀，更影響著我們對空間的理解。

小白 —— 確實，這讓我想到室內設計的用途，尤其是裝飾性材料的應用。室內設計更多的是針對空間的裝飾和氛圍營造，並不涉及到結構層面的改變。我們在設計時，總是試圖把對的材料放在對的位置上，順應人類的居住行爲和生活方式的演變。例如，鐵件可以用來強化工業風的現代感，而木材則給人溫暖與自然的感覺。

近年來出現了很多替代性材料，這些材料爲我們提供更多創新的可能。例如，石材加工得像板材一樣，這樣的做法打破傳統的限制，讓材料有了全新的應用方式。然而，這樣的創新也必須謹慎對待，有些設計可能過於違背材料的物理性，例如讓一些不具備結構性功能的材料承擔結構用途，這樣會帶來安全隱患。我覺得設計的理想狀態應該是順應材料本身的特性，而不是強行改變它們的本質。

如同分子料理一樣，把傳統的食材重新解構，創造出一種全新的形態。雖然它看起來像是一個「蛋黃」，但實際上卻不是。我們在材料創新中，也應該有這樣的精神，打破傳統，給予材料新的生命，同時尊重其本質。

ESG 讓設計師開始思考，嚴肅的永續設計問題

劉老師 —— 現在 ESG 概念非常熱門，我們需要重新思考材料與設計的生命週期。例如，一座房子五年、十年後應該是什麼樣子？這個問題其實非常有趣，因爲它關乎如何延續建築物的生命，而不是簡單地拆掉重建。

目前我們面對著人口老化問題，這讓我們需要重新思考既有空間的用途。比如，一些因少子化而關閉的學校是否可以被改造爲社區中心或長照中心？這些空間的轉變需要我們有更靈活的設計理念和創造力。當我們考慮建築的生命週期，思考如何讓它在不同階段都具備相應的

功能，這不僅符合永續發展的理念，也爲社區創造更多的價值。

小白 —— 因爲我們主要是服務住宅客戶，室內設計的生命週期相對較短。很多客戶可能每十年、十五年就會重新裝修一次，這在某種程度上減少了我們對空間持久性的考慮。但當涉及到公共議題時，設計的生命週期會變得更加重要。例如，將廢棄的校舍改造成其他用途，就需要考慮空間如何靈活地轉換，並保持足夠的耐用性和功能性。我認爲這些議題充滿了可能性，尤其是在 ESG 趨勢逐漸被重視的今天。

劉老師 —— 如今大缺工潮來襲，各產業都面臨人力短缺的問題，設計產業當然也不例外。我在大陸有一些項目，稱作「全屋訂製」概念已經相當成熟。由於房子建設速度很快，但人力資源有限，於是選擇把工程「產品化」，也就是將施工的許多步驟轉變爲標準化產品，在現場進行簡單的安裝。

這種產品化的模式不僅提高了施工效率，還減少了對現場勞力的需求。大陸這些系統櫃、模組化建築已經非常成熟，只需要簡單的泥作和木作，接下來的工作就可以由專業工廠來完成。這些工廠的板材、鐵件、玻璃框等材料都已經量好，現場只需要組裝拼貼，通常一到兩個月就能完成，這與台灣傳統的手工系統櫃有很大不同。

提升施工效率，才能改善設計效能

小白 —— 這幾年我常跑東北、華南、西南的一些加工廠區，看到當地工廠從早期代工到現在逐漸開發出自有產品系統，眞的很有感觸。當地的工廠規模巨大，幾乎看不到工人，所有的製程都高度自動化，產品質量也很好，且價格便宜。這些系統櫃產品基本上是一個模組化的設計，易於大量複製。如果我們也能提高預鑄技術，或許能對設計產業環境帶來很大的助力。

劉老師 —— 這正是預鑄和模組工法的優勢所在。它們不僅能幫助我們應對缺工問題，也能充分利用台灣在製造業方面的優勢。這些工法可以大幅提高施工效率，讓設計師有更多的時間專注於創意的發揮，而不是花費大量精力在繁瑣的現場協調工作上。當然，新材料的應用還是需要經過大量的實驗和測試。我們作爲設計師，必須對材料的特性和表現有足夠的了解，才能推薦給客戶，確保這些材料能夠滿足客戶的需求。

我一直認爲設計師在這個時代是材料和工法的重要中介者。設計師不僅需要具備創造力和美學眼光，還需要對材料和工法有深入的理解，並且能夠與後端的製造體系密切合作。這樣我們才能確保我們的設計不僅僅停留在圖紙上，而是眞正能夠落地實施的方案。

延伸永續思維，創造設計長遠價值

小白 —— 沒錯，不論是材料的創新還是製程上的改進，設計師的角色都是不可替代的。在室內設計領域，我看到兩個相對極端的方向。一方面是追求極致的藝術表現力，通過創意與材料的結合來提升空間的美感；另一方面，對於公共空間的設計，則需要考慮實用性和耐用性，尤其是像校園改造這樣的項目，它們不需要昂貴的材料，而需要耐用、模組化，能夠應付各種使用需求。如果能夠開發出更多適合這類項目的新材料，並應用在大規模公共項目中，我相信這將對整個行業的發展帶來積極的影響。

劉老師 —— 我非常同意，設計不僅僅是追求視覺上的美感，還要考慮到社會、環境和未來的可持續性。在 ESG 趨勢的推動下，設計師必須重新思考我們的設計如何能夠爲社會創造更大的價值。例如，我們如何設計出更符合環境友善原則的空間，或者如何利用再生材料來減少對環境的負擔，這些都是設計師需要積極思考的問題。

未來的設計師不僅要有出色的創意和設計能力，還要能夠理解設計背後的社會責任。我們不僅是美學的創造者，也是社會變革的重要推動者。因此，我希望更多設計師能深入了解 ESG，並在設計中積極運用這些原則，爲我們的地球和社會創造更大的價值。

袁丕宇

宏國建設

林柏源

接班人的挑戰
與設計師的創新

○ —— ●●

傳統與創新，一直都是矛盾與妥協不間斷的過程。很高興這次能跟宏國建設新一代接班人林柏源聊聊，承接傳統建設公司，該如何在新世代走出新的一條路？就像設計師永遠都在開拓新建材，新工法，保持創新跟世代接軌，我也在持續努力著。

袁丕宇（以下簡稱小宇） —— 品牌創新是一件很難的事，尤其有上一代的想法參雜在裡面。你是如何說服長輩，將家族企業的傳統價值與現代設計相結合？

林柏源（以下簡稱柏源） —— 我們曾經做了三本很厚的企劃書，想傳達的不僅是設計，而是品牌價值與創新的結合。第一本包含了國內外案例的整理，結合不同設計師各自的設計理念，試圖從多角度講述品牌的定位和價值觀。第二本則深入地區特色，主要介紹大稻埕及鄰近的承德區域，這是我們的主要案址。我們研究紐約、東京和倫敦等城市中類似區域的成功案例，並深度訪談當地的文化推手和經濟學者，探討在地文化如何與國際視野結合。第三本是空白的創意冊子，這部分是留給業主，讓他們描繪對理想空間的構想。我們想透過這個方式激發業主的參與感，讓設計更具有個人化。

小宇 —— 這樣的企劃看起來已經超越了一般建案，對於傳統上較少參與設計過程的業主來說，應該是相當新穎的模式。不過傳統上業主與代銷的合作比較保守，你如何將這些創新融入既有框架？

柏源 —— 一開始確實遇到不少阻力，特別是長輩或代銷，他們對這種創新的想法抱持懷疑。長輩習慣於以產品銷售爲核心，認爲只要賣得出去就好。代銷更在意快速銷售的模式，往往忽略品牌價值的建立。我試圖在這之間找到平衡點，例如採用試驗性的策略，提出可以先嘗試新的設計模式，如果失敗再交由代銷進行傳統的快速銷售處理。這樣的提案讓長輩們比較容易接受，對他們而言，風險是可控的。試驗的過程中，他們逐漸看到這種方法帶來的附加價值，進而更加願意嘗試新的模式。

當時算是比較幸運的，因爲接待中心仍在運作，然後我們的基地有四棟，前面的 C 棟和 D 棟早已賣完，正在銷售的是 B 棟和 A 棟。當時 B 棟是交由代銷公司負責銷售，他們運作了一段時間。後來，我們將接待中心搬到基地對面的一塊地，並搭建了全新的展示空間，代銷仍然以 B 棟爲主攻。我自己則將目光放在 A 棟，因爲 A 棟才剛開始推進設計，我希望能在潛銷階段親自操盤。

這個案子已經經歷過兩家代銷公司的銷售，但過程中發

現一些問題。我和代銷的溝通時常存在分歧，他們不願意嘗試一些我認爲有潛力的活動。他們的理由總是認爲這些方式「沒有用」，但在我看來，並不是活動本身沒用，而是他們執行的方法不對，才導致結果不如預期。

柔性介入，才能減少世代想法摩擦

小宇 —— 所以你決定自己來試試？

柏源 —— 對，我跟代銷公司提出，是否可以保留一部分空間給我，讓我嘗試一些活動和行銷手法。如果我的方式有效，他們就應該重新思考爲什麼自己做的時候沒有達成預期。如果我的方式失敗了，那就交還給代銷繼續操作，畢竟潛銷階段失敗的風險是可以承受的。我父親對這種模糊交界的策略比較能接受，他認爲這是一次新嘗試，也沒有太大的損失。

小宇 —— 這確實是一個很好的切入點，讓你有機會展現自己的想法。

柏源 —— 沒錯，這對我來說是一次不錯的機會。長輩和代銷公司老闆之間的長期合作關係，他們對代銷的信任度相對較高。在我提出不同建議時，他們往往會打個問號，覺得那些代銷是「專業的」，而我的建議則可能被認爲過於大膽。這次試驗剛好是一個契機，如果最終能成功，便能證明我提出的創新方向確實可行。

勇於改變，突破舒適圈魔咒

小宇 —— 站在設計師的立場來看，現在他們想做的空間與我過去接觸的空間設計確實有很大的不同，以及與業主、上一代、代銷三方之間的協作，構成了全新的挑戰。尤其是在台灣，代銷是一個很特殊的存在。代銷公司向來有一套成熟且快速的銷售方式，他們的目的是在最短時間內把房子賣掉，這與新世代接班人想做品牌經營的理念，確實存在一些衝突。

代銷更傾向短期見效，但品牌經營則需要長時間的耕耘。現在土地取得越來越困難，建設公司花費巨大的資源才能獲得一塊土地，將房子蓋起來。如果只是快速賣掉，整個案子就結束了，未免有些可惜。如今的每個案子，都應該被視爲建設公司的「作品」，不僅是一個待售的商品，而是應該能夠傳達品牌的價值與設計理念。

和你合作的這個過程中，我自己也有很大的收穫，剛開始我的思維也受到既有觀念束縛，以爲自己畫出來的設計品就是完美的，但實際參與後發現，你們的創新理念以及投入的熱情，讓我學到很多東西。

說實話，一開始我心裡確實會有些想法，但隨著過程推進，看到你對案子的投入，以及每次討論中所展現的熱情，再加上舉辦的一些活動確實取得很好的成果，讓我逐漸改變看法，很欽佩這份「願意改變」的勇氣。

柏源 —— 所以我們算是相互影響相互激發，代銷的快速銷售模式對某些案子來說是有效的，特別是對於比較標準化的產品。但對於希望建立長期品牌價值的建設公司來說，代銷的模式有時候會過於關注短期銷量，忽略長遠品牌價值。我們希望每一個案子不僅是銷售成功，也能讓業主對品牌產生認同感。這是我們願意花更多時間和精力在設計和品牌塑造上的原因。雖然過程中可能需要說服長輩接受，但我相信這是一個值得的投資。

異業合作創造彼此更大收益

小宇 —— 我注意到你提到過新銳設計師在合作中的重要性，爲什麼你特別重視與新銳設計師的合作？

柏源 —— 新銳設計師通常充滿創意和想法，但他們缺乏展示平台。我們希望成爲那個平台，幫助他們發揮潛力。相較之下，舊一代的設計師雖然有豐富的經驗，但風格往往固定，而且收費通常較高，這對於我們的目標來說並不一定符合預期。與新銳設計師合作，不僅爲品牌注入新鮮的視角，也能更靈活地應對市場需求。我們與新銳設計師的合作方式也比較特殊，更像是一種「共創」，而不是單純的業務關係。這樣的合作模式不僅促進設計師成長，也讓我們的作品具有多樣性和獨特性。

小宇 —— 新世代的業主比過去的業主更加了解設計，甚至可以說有些業主的美感和設計知識超過了一些設計師。他們往往會帶著清晰的需求和想法，甚至用各種工具生成設計概念。這對我們來說既是一種壓力，也是一種動力。我們的角色不再是單向提供設計方案，而是以專業的角度幫助他們完善和實現想法。

相比之下，與傳統業主的合作模式則更加注重耐心和引導。很多長輩業主對設計的理解有限，我們需要逐步地說服他們，解釋我們的設計理念和實際效用。這是一個需要雙方不斷磨合和協調的過程。

設計將成為品牌轉型過程核心

柏源 —— 這種合作模式是否讓設計師更像是一個「夥伴」？

小宇 —— 可以這麼說。對於新世代業主來說，我們更像是平等的合作夥伴。他們的想法非常具體，我們可以快速抓住重點並給出實現方案。而對於長輩型業主，我們需要更多耐心，用專業說服他們，讓他們理解並接受新的設計理念。

這確實是一個挑戰，但也是促使我們成長的契機，我認爲設計師的專業價值在於能夠用更高的視角和技術，把業主的想法具體實現出來，並在此基礎上提升整體的設計水準。不過，聊回品牌的話題，你如何看待品牌傳承與創新之間的關係？特別是你們最近在創立新品牌。

柏源 —— 我們的新品牌定位就像是賓士的 AMG。它不會抹滅原有品牌的歷史，但會爲原有品牌注入新的價值。透過這個新品牌，我們可以探索新的市場需求，滿足新的目標客群，同時保留長輩們過去建立的價值和信任感。

創新與傳承之間的平衡是需要時間和溝通去找到的。我們花了大量時間去理解長輩的想法，確保在不破壞他們既有成就的基礎上，爲品牌注入新鮮的生命力。這需要很多耐心，也需要能說服他們看到創新的必要性和好處。

小宇 —— 我喜歡交朋友，對我來說各行各業都有值得學習和交流的地方。無論是否有利益往來，只要是在這個業界中佔有一席之地、有能力的人，我都願意與之結交。這樣的交朋友方式，讓我的視野變得更廣，也增加了與不同領域專業人士交流的機會。我認爲，沒有利益往來的純粹友誼，反而更能建立長久的信任關係。

在工一，業務主要分爲私人住宅和地產兩大類。私人住宅的設計較爲個性化，這是因爲每個業主的想法都不同，而這些設計往往是私密的，只有業主自己能看到，因此更注重私人需求與個人特色。而地產則完全不同，是面向公衆的展示品，因此設計上需要更多考量大衆的審美取向。

地產設計對於美感的拿捏至關重要。我們需要創作出既不偏離市場需求，又能吸引大眾目光的作品。通常建設公司或代銷會找我們合作，就是因爲他們認可我們對設計美感的標準。他們期望的是一個「安全」的設計，能符合大約八成以上消費者的審美需求，這是市場上普遍接受的範圍。

然而，當新一代的建設公司二代接班人或有創新意識的業主來找我們時，他們往往希望我們在「安全」之餘，能多加入一些創新的元素。他們不僅追求設計的美感，還希望作品能彰顯某種獨特性，甚至成爲市場中的亮點。這對我們來說是更大的挑戰，也是一份更重大的責任。

與傳統建設公司希望快速銷售房產不同，二代接班人尋求的是突破與創新。他們希望我們能在既有的審美基礎上，加入一點特別的設計元素，讓作品不僅符合市場需求，還能超越預期，呈現出更高層次的價值。這樣的合作，對我們來說也更有意義，它讓我們的設計能夠兼顧市場接受度與個性化特色。

這樣的過程對我來說是充滿樂趣的。設計既要符合市場，又要帶有創新獨特性，這種平衡感考驗我們的專業能力，也讓我們的作品更有價值與深度。我認爲正是這種獨特性，讓我們在市場中找到自己的位置，也讓我們的合作更富挑戰和趣味。

追求新意才能跟上時代腳步

柏源 —— 所以我常說，這是一種「一起玩」的過程。對我來說，這是互相幫忙的合作模式，而不只是單方面的付出或利益交換。我的目標不是強求每個接觸到我們作品的消費者都一定要購買我們的產品，而是確保我們呈現的每一個作品都達到高水準。

如果我們的設計能夠讓人留下深刻印象，可能就會促使他們進一步尋找我們的設計師來幫助完成其他項目。這樣的過程不僅能推動更多合作，也是品牌價值的體現。

我認爲，這是一種「魚幫水，水幫魚」的共生關係。透過這樣的合作，我們彼此成就，共同提升。這不僅讓我們的作品更有價值，也爲未來的更多可能性打開了大門。

工　是淬鍊的過程

一　是設計的初心

○ —— ●● Designer 47

從一到無限

一個設計品牌的誕生

國家圖書館出版品預行編目（CIP）資料

從一到無限：一個設計品牌的誕生/工一設計（One Work Design）作. -- 初版. -- 臺北市：城邦文化事業股份有限公司麥浩斯出版：英屬蓋曼群島商家庭傳媒股份有限公司城邦分公司發行, 2024.12
面； 公分. --（Designer；47）
ISBN 978-626-7558-46-1（精裝）

1.CST: 室內設計 2.CST: 作品集

967 113016592

作　　者——工一設計 One Work Design
文字整理——蔡婷如
責任編輯——許嘉芬
美術設計——Pearl
人像攝影——江民仕、TID 攝影團隊（周嘉慧、張志偉、王弼正、王皓頴）、陳柏翰
空間攝影——Hey!Cheese、日形影像、崴米鍶攝影、隨寓工作室
對談攝影——Amily、王勁文
對談場地提供——珍友愛民宿、珍遇珍寓民宿、弘第 HOME DELUXE

發 行 人——何飛鵬
總 經 理——李淑霞
社　　長——林孟葦
總 編 輯——張麗寶
叢書主編——許嘉芬
出　　版——城邦文化事業股份有限公司 麥浩斯出版
地　　址——115 台北市南港區昆陽街 16 號 7 樓
電話：（02）2500-7578　傳真：（02）2500-1916
E-mail：cs@myhomelife.com.tw

發　　行——英屬蓋曼群島商家庭傳媒股份有限公司城邦分公司
地　　址——115 台北市南港區昆陽街 16 號 5 樓
讀者服務——電話：（02）2500-7397；0800-033-866　傳真：（02）2578-9337
訂購專線——0800-020-299（週一至週五上午 09:30 ～ 12:00；下午 13:30 ～ 17:00）
劃撥帳號——1983-3516 戶名：英屬蓋曼群島商家庭傳媒股份有限公司城邦分公司

香港發行——城邦（香港）出版集團有限公司
地　　址——香港九龍土瓜灣土瓜灣道 86 號順聯工業大廈 6 樓 A 室
電話：852-2508-6231　傳真：852-2578-9337
電子信箱——hkcite@biznetvigator.com

馬新發行——城邦〈馬新〉出版集團 Cite（M）Sdn.Bhd.（458372U）
地　　址——11,Jalan 30D ／ 146, Desa Tasik, Sungai Besi, 57000 Kuala Lumpur, Malaysia.
電話：（603）9056-3833　傳真：（603）9056-2833

總 經 銷——聯合發行股份有限公司
電話：02-2917-8022　傳真：02-2915-6275
製版印刷——凱林彩印股份有限公司
版　　次——2025 年 2 月初版二刷
定　　價——新台幣 650 元